ADVANCED FOOD

# ゲノム編集食品が変える食の未来

WAKI MATSUNAGA
松永和紀

ウェッジ

ゲノム編集食品が変える食の未来

[ 目次 ]

## 序章 ポストコロナ時代のフードセキュリティ

# 第1章 誤解だらけのゲノム編集技術

## 第2章 ゲノム編集食品が食卓を変える

## 第3章 ゲノム編集の安全を守る制度

## 第4章 ポストコロナで進む食の技術革新

## 第5章 ゲノム編集をめぐるメディア・バイアス

## 第6章 「置いてきぼりの日本」にならないために

# 序章

# ポストコロナ時代のフードセキュリティ

# パンデミックで揺らぐフードセキュリティ

2020年10月、スウェーデン王立科学アカデミーはゲノム編集の新技術を開発した2人の女性研究者にノーベル化学賞を授与する、と発表しました。

ゲノム編集は、生物のゲノムの特定の場所を人為的に切り遺伝子を変異させる技術です。ゲノム編集自体は従来、別の方法でも行われていたのですが、2人の科学者が開発したゲノムを切る〝遺伝子のはさみ〟の技術は、ゲノム編集をすばやく簡便、正確にできるようにした、という点で抜きんでていました。2人が2012年に発表すると、瞬く間に世界中でこの技術を用いた研究が広がり20年にはノーベル賞に。そのスピードを見れば、いかにすぐれた技術であるかがわかります。選考にあたったスウェーデン王立科学アカデミーの委員会は「革命的な基礎科学であるだけでなく、革新的な作物や医療につながるものだ」と称えています。

この本は、そんなゲノム編集技術を用いて品種改良された食品の安全性や意義についてわかりやすく解説するものです。報道を見ていると、品種改良と医療における応用を同一視し、期待の大きさと倫理面での懸念を語る評論家、科学者が目立ちます。しかし、品種改良と医療ではゲノム編集技術の用い方が大きく異なり、明確に区別しなければなりません。

ゲノム編集食品の重要性は今、著しく高まり期待も大きくなっています。なぜか？　新型コロナウイルス感染症（COVID－19）の地球規模の流行、すなわちパンデミックが、世界の人々の暮らしを大きく変えつつあるからです。フードセキュリティの危機が迫っています。ゲノム編集食品は、その解決に大きく貢献できる、とみられているのです。

「食の安全」とよく言いますが、3種類あるとされています。微生物や自然毒による食中毒を防いだり、農薬や食品添加物を適正使用したりするなどして守るフードセーフティ（Food Safety）、食品に毒性物質が仕込まれるなどの犯罪や破壊行為を防ぐフードディフェンス（Food Defense）、そして食料を安定的に生産し供給するという食料安全保障を意味するフードセキュリティ（Food Security）です。

豊かな日本ではフードセーフティばかりが話題となりますが、世界での深刻な課題はフードセキュリティです。国連食糧農業機関（FAO）は2020年7月、新型コロナに立ち向かうためのプログラムを公表しました。そこで強調されたのは新型コロナが世界的なフードセキュリティと人々の栄養に深刻な影響をもたらしており、各国が協調して闘わないと乗り越えられない、という見通しです。

国連が公表した「世界の食料安全保障と栄養の現状」というレポートによれば、新型コロナのパンデミックが起きる前の2019年の段階で、約6億9000万人が飢餓に陥っており、過去5年で約6000万人も増加しています。そして、何十億人もの人々が飢餓には至らずとも栄養のある食事をとれていません。

レポートは、新型コロナのパンデミックによりさらに、1億3000万人以上が慢性的な飢餓に陥る可能性がある、と予測しています。

パンデミックにより、生産や流通の場が感染を防ぐために操業を中止したり、働き手が減ったりするなどして、食品が滞るケースが出てきました。それに伴って食料価格の高騰が起きています。穀物は収穫時期の前には在庫を減らすために例年なら価格が下がるのですが、2020年は下げ幅が大きくありません。確保しておこうという思惑が強いようです。一方で、働けないために収入が得られなくなった人たちがおおぜい出てきており、食料を買えなかったり質を落としたりせざるを得ない状況にあります。

興味深いことに、中国では牛乳が含むたんぱく質「ラクトフェリン」が免疫を活性化する、という説が広まり、牛乳の消費量が急激に上がっている、と報道されています。牛乳を得るために多くの穀物が牛に与えられ消費されます。第4章でも触れますが、家畜と人が穀物を奪い合う状況を反省した欧米では近年、肉ではなく植物性食品を食べようというムーブメントが起きていました。家畜は大量の穀物を消費して肉や乳製品となるからです。

しかし、新型コロナへの恐怖はそれを覆すかもしれません。先進国がより栄養価、品質の高い食品を志向して新型コロナから我が身を守ろうとし、開発途上国はその煽（あお）りを受けて穀物を買えず飢餓、貧栄養に陥る、という構図が起こり得るのです。

途上国の人々が栄養不足となり体が弱くなっているところで新型コロナに感染すると、症状は重くなりがちとなり死の危機にさらされます。そして感染が拡大するとさらにフードセキュリティが脆弱（ぜいじゃく）になりパンデミックに拍車がかかり、一部の先進国はより質の高い食を求めて買い占めという悪循環へ……。

これまでも、食料を効率よく生産できたり購入できたりする先進国の人々がたっぷり食べ、残りを廃棄し、途上国は生産できず食料価格高騰により購入ができずに飢えに苦しむという矛盾が大きな問題でした。残念ながら、パンデミックによりその矛盾、不均衡がますます複雑に大きくなっていくことが予想されています。フードセキュリティは危うくなりそうなのです。

## 品種改良は、フードセキュリティの礎になる

パンデミックに対峙しフードセキュリティを守るためになにができるか？　もちろん、先進国と途上国の矛盾を解決する分配策が必要ですが、今後のさまざまな課題を支えるためには技術革新が必要。私は品種改良、つまり新しいタネや子作りがその礎（いしずえ）になると考えています。品種改良を専門家は「育種（いくしゅ）」と呼びます。これまでの農業や養殖漁業などにおいて、育種がさまざまな困難を克服する起爆剤となりフードセキュリティを担ってきたことを、一般の人たちは知りません。

20世紀に入ってから、人類はエネルギーを豊富に用い多様な科学技術を駆使して生活を大きく変えました。食料生産力が上がり、人口も急増しました。国連の推計では、世界の人口は19世紀初め頃に10億人を突破。20世紀初め頃は16億人でした。ところが20世紀半ばに25億人、20世紀末には60億人に急増し現在は78億人です（２０２０年）。１００年あま

りで5倍にも膨れ上がったのです。

20世紀になってから普及した化学肥料や化学合成農薬などが食料生産に大きく貢献しましたが、実は育種も大きな役割を果たしました。第1章で詳しく説明しますが、メンデルが遺伝の法則を見出したのは19世紀半ば。当時はあまりにも斬新であったがゆえに評価されず、1900年に育種研究者が再発見し、遺伝学研究が育種の実学に活かされるようになりました。交雑育種、突然変異育種、F1品種、遺伝子組換えなど、分子生物学の進捗も手伝って、次々に新技術による品種が登場しています。1866年から農業統計が記録されているアメリカのデータでは、トウモロコシの単位面積あたりの収量は150年でなんと7倍に達しています。育種技術の著しい進展が人々の暮らしを支えました。

しかし、これから直面するフードセキュリティの危機は、前述したように複雑で、これまでのように食料を増産するだけでは解決できないでしょう。先進国と途上国の配分を変え、人々の嗜好、消費動向を変えてゆく仕掛け、食品の流通ルートの変更、食品自体の質の向上など、さまざまな方策を積み重ねる必要があります。育種も、その目的が収量増から栄養成分の強化、毒性物質を少なくするなど安全性の向上、環境負荷の抑制……等々に研究が広がっています。

２０１５年の「国連サミット」で採択された持続可能な開発目標（Sustainable Development Goals＝SDGs）では、２０３０年までに実現すべき17の目標（ゴール）が定められました。「貧困を終わらせる」「飢餓を終わらせる」「すべての人々に健康的な生活を確保し福祉を促進する」「持続可能な消費生産形態を確保する」など重要な項目が並びます。フードセキュリティの確保はＳＤＧｓのすべての目標を支える基盤です。

また、ＳＤＧｓでは今後の世界のありようを示す重要な言葉が提起されました。レジリエンス（resilience）です。打撃を受けてもしなやかに元に戻る弾力性を意味する言葉。パンデミック下で、レジリエンスのあるフードシステムを目指し、複雑化する問題に対処し、フードセキュリティを確保してゆくことがますます重視されるようになっています。そして、ゲノム編集食品は後述しますが、さまざまな特性によりまさに、このレジリエンスを実現するのにうってつけの技術です。

## ゲノム編集へ高まる期待と暗い影

日本は育種技術では歴史上、世界的な実績を残してきました。民間企業の育種技術にも定評があります。ゲノム編集技術の改善や新品種開発の分野は後で詳しく解説しますが、研究コストがほかの方法に比べてかなり安くなると見込まれています。日本のように資源が少なく現在では研究資金が潤沢とは言えなくなった国でも、世界のフードセキュリティに貢献できる技術を生み出すチャンスがあります。技術をもっと進展させてゆきたい、日本独自の品種開発をさらに発展させ世界に貢献してゆきたい……。今、日本の育種業界ではその機運が盛り上がっています。

国もゲノム編集食品の実用化に向けて態勢を整えました。安全性を守りながらゲノム編集技術を用いた食品や飼料などを利用できるように規制を検討し、2019年度から制度の運用を始めたのです。国としての実践的な制度の構築は、世界的に見てもかなり早いほうです。2020年度にはゲノム編集食品の国への届出が始まるのではないか、とみられています。

ところが、新技術に暗雲が垂れ込めています。市民の反応がはかばかしくありません。ゲノム編集にかんする科学的な情報が市民に届かず理解されず、かなりの誤解を招いています。

NHKの番組「クローズアップ現代」で2019年9月、「解禁！〝ゲノム編集食品〟〜食卓への影響は？」を放送した時に、象徴的な出来事がありました。

いくつかのゲノム編集食品の事例が紹介され、従来の食品と同等に安全だと専門家が説明し、懸念を示す海外の団体なども紹介されました。私から見ると、この海外の団体の主張は根拠が希薄。しかし、スタジオゲストとして招かれていた日本の消費者団体の事務局長が番組の最後に、こう述べたのです。「やっぱりゲノム遺伝子をいじるということは、非常に危険なことですので、きちんと社会的な議論を作っていくということが非常に重要じゃないかと思っています」。そして、キャスターが「議論が大事」と番組を締めてしまいました。

番組に登場して安全だと述べた専門家に後で、番組制作の裏話を聞きました。当初は、消費者団体幹部の言葉に続いて専門家がさらに説明する予定になっていたそうです。ところが生放送の番組の開始直前になって内容変更。専門家が説明するチャンスは失われてしまいました。

「議論が大事」と言うのはその通りで、だれも抗（あらが）えない言葉です。しかし、この場合には妥当でしょうか？　実は消費者団体幹部の「遺伝子をいじるのは危険」というのは、科学的にはナンセンスの一語に尽きます。なぜならば、遺伝子をいじるのはゲノム編集だけに限らないからです。昔から行われてきたおしべとめしべを掛け合わせる育種も、ゲノムの遺伝子をいじっています。

NHKとしては、内容をゲノム編集賛成派と反対派の両論併記にとどめたかったのかもしれません。しかしその結果、消費者団体幹部の明らかな誤解がそのまま公共の電波に乗り、正されませんでした。

残念なことに、私が生協などの勉強会や講演会などで出会う市民の多くも、「遺伝子をいじるなんて！」と述べ、ゲノム編集食品に拒否感を示しています。記事を書くと、反発されます。遺伝子やゲノムなど生殖にかかわる言葉が登場する技術は、拒否されがちです。子どもへの影響などが想起されやすいから、とみられています。人は、大人が影響を受けるよりも子どもが影響を受けるほうを深刻にとらえ、リスクを実際よりも大きく見積もる傾向があります。

実際には、生物は必ずゲノム、遺伝子を持ち、それらを食べて生きています。これまでも、生物のゲノムの遺伝子がいじられ変えられて、新しい品種が生み出されてきたからこそ、今ある米やトマトなどの作物が豊かに実り、家畜からはたくさんの肉や乳などがとれ、どれもおいしいのです。これまでの育種の実態を考慮せず、ゲノム編集食品に対してのみ「ゲノム遺伝子をいじるのは危険」と考えるのは感情的であり、科学的とは言えません。しかし、そのことが知られていません。

## 「遺伝子組換えでがんになる」の顛末

私は、番組を見ながらある光景を思い出しました。2006年7月4日、私は福岡市にいました。市民団体などが招いたロシア人の女性科学者が、遺伝子組換え食品の危険性を訴えたのです。全国縦断講演会の第1回でした。

400人が詰めかけ満員となったホールで、女性科学者は遺伝子組換え大豆の危険性を訴えました。遺伝子組換え大豆を食べさせたラットで攻撃性が高まったうえ、子どもが異常に高い死亡率や低体重を示した、というのです。著しく小さいラットの写真やグラフが、いかにも科学的な雰囲気。会場は「こんな危険な食品を許してはならない」という怒りと熱気に包まれました。

女性科学者が語った危険は、科学的には事実にほど遠いものでした。実験のやり方に問題がありすぎたのです。飼料として生の大豆を与えていたことは致命的。生の大豆は遺伝子組換えの有無にかかわらず有害です。ほかにも数多くの不備が実験にはあり、論文にもなっていませんでした。

多くの国際機関が危険の根拠とはならない、と2005年の段階で声明を出しています。こうした動物実験は非常に難しいのに、不慣れな科学者が手を出してしまったのです。日本でも、東京都立衛生研究所が遺伝子組換え大豆を動物に長期に与える試験を行い、異常がなかったとする研究成果を2002年に公表していました。にもかかわらず、日本の市民団体は2006年にロシア人科学者を招聘（しょうへい）し、全国紙がその主張と講演会をそのまま報じました。日本では彼女がしばらく反遺伝子組換えのシンボルでした。

同じようなことが2012年にも起きました。衝撃的なドキュメンタリー映画が公開されたのです。ラットに遺伝子組換えトウモロコシを食べさせたところ、体中にがんができたという実験をとりあげたもの。映画は、遺伝子組換え技術の恐ろしさを伝え、オーガニック食品などを褒め称える内容でした。日本で公開された時のタイトルは、「世界が食べられなくなる日」です。

この実験にかんする論文も学術誌に掲載され、書籍も出版されました。実験を行ったのはフランス人科学者で、論文公表と同時に映画や書籍も出すことで、社会にインパクトを与えようとしたようです。通常、学術論文は試験を行った動物の外見写真など出しません。ところが、論文には、大きながんで体がぼこぼこになったラットの姿が掲載され、一般の人たちも論文の内容はわからなくても衝撃を受けました。

当初はフランス首相も「研究が確かなら、遺伝子組換えの欧州全土での禁止措置を要請したい」と発言し、世界各国のメディアも「遺伝子組換えの危険性」として報じました。

ところがこの実験、世界中の科学者から「トンデモ」と猛批判を受けたのです。欧州の食の安全の総元締め組織である「欧州食品安全機関」(ＥＦＳＡ)が否定して、フランス政府も急にトーンダウン。ドイツ連邦リスク評価研究所や日本の食品安全委員会など、主要な国の科学機関が、試験に提供されたラットの種類や数が適正でないことや飼料の調製の仕方など、数々の疑問を指摘しました。

学術論文は、さまざまなデータが省かれてわかりやすく整理されて発表されます。論文に疑問が持たれた場合には、生データの提出が求められます。ニュージーランド政府当局が、フランス人科学者に生データを提出するように求めたのですが、科学者が提出を拒否しました。こうしたことから、研究結果は遺伝子組換えの毒性の根拠とはならない、というのが、各国の結論となりました。翌年には学術誌も掲載を撤回して、騒ぎは学術的には終了しました。研究を行ったフランス人科学者は、その後、レベルの低い学術誌に論文を再掲載していますが、国際機関、各国機関の評価はまったく変わっていません。

でも、日本のメディアの中には、科学的なチェックの甘いところが少なくありません。論文投稿や取り下げ、各国機関の見解など、英語で公表されておりインターネットを少し調べれば出てくるのに、メディアの基本作業が疎かになっています。日本の週刊誌やテレビ番組が、食品安全委員会などによる否定の後もその事実には触れずに「遺伝子組換えでがん」と煽りました。

遺伝子組換えは実用化されて20年以上がたち、安全性審査を経て利用を認められた遺伝子組換え食品では、安全性に疑念が生じた例はありません。ラットなどを用いた何世代にもわたる摂取試験で問題がないことが確認されていますし、世界中の人たちが遺伝子組換え食品を食べるだけでなく、飼料として遺伝子組換え品種を食べた家畜の肉や乳を食べています。にもかかわらず、いつまでたっても誤情報は残り、人々の不安が消えない、という不幸な状況が続いています。

# 新型コロナで現実化したインフォデミック

ＮＨＫの番組を見て、心配になりました。遺伝子組換えとゲノム編集は、同じものと誤解されがちです。このままでは、遺伝子組換えの二の舞になるのでは？　ゲノム編集食品も、科学的に理解されず、人々は感情的な判断に流されるのではないか。メディアは非科学的で間違った情報を拡散したり、安易な両論併記を繰り返したりするのではないか。

現代社会において科学的な情報がいかに重要であるか。これも、新型コロナによって明白になったと考えます。流行初期には、こうしたら新型コロナを予防できる、という類いの情報が駆けめぐりました。にんにくが効く、熱いお湯を飲めば大丈夫などの情報が氾濫しました。アルコール性の消毒薬が効く、という情報を信じ込んだ人々がメタノールを飲み、死亡事故も起きました。学術論文は、効果のない消毒薬やサプリメントなどにより800人が亡くなり5800人が病院に搬送された、と報告しています。

また、携帯電話の5Gネットワークが新型コロナウイルスを拡大しているという情報を信じ込んだ人々が、5Gの基地局を襲撃して破壊する事件が世界各地で起きました。言うまでもなく、ウイルスは電波では広がりません。「あり得ない」とだれにでも考えてもらいたいところですが、パニックに陥っている人たちには通用しませんでした。

WHOは、情報が氾濫し正しい情報と誤った情報が拡散し、人々が信頼に値する情報源や指針にたどり着けず混乱している状態をインフォデミック（infodemic）と呼んでいます。インターネット、ソーシャルネットワークサービス（SNS）の普及に伴い、だれもが大量の情報を発信、伝達できるようになり、情報の真贋が吟味されることなく拡散していきます。パンデミックはインフォデミックをも引き起こし、死亡事故や健康被害につながっているのです。

イリノイ大学の健康情報センターによれば2020年3月の1カ月間で、新型コロナウイルスやその感染症を指す言葉（coronavirus, COVID－19など）やパンデミックを含むツィートが全世界で約5億5000万も発せられました。その35％はアメリカから、7％は英国から。その後にブラジル、スペイン、インドと続きます。性別はあまり変わらず男性がわずかに多い程度。そして興味深いのは発した人の年齢で、全ツィートの70％は35歳以上の人が出しているのです。若者が間違った情報を広げている、と考えられがちですが、そんなことはありません。

日本でも流行初期にはトイレットペーパーの買い占め騒ぎが起こり、納豆が感染を予防するかも、と品薄状態になりました。２０２０年7月には吉村洋文・大阪府知事の発表をワイドショーが大々的に取り上げたことにより、「イソジンによるうがいが新型コロナを予防？」とイソジンが店頭から消える騒ぎとなりました。若者から高齢者まで、情報に振り回されたことがうかがえます。

## 原発事故後、情報災害が起きていた日本

実際のところ、誤情報が氾濫し人々の不安を煽り問題行動につながってしまう現象は、これまでもたびたび起きてきたように思います。日本は、諸外国よりももっと非科学的、感情的、と言えるかもしれません。私は10年間の新聞記者生活の後、フリーランスの科学ジャーナリストとして独立し、食の安全や環境影響を専門フィールドとして20年あまり活動してきましたが、とくに食の分野ではそれが顕著だと思います。

さまざまな科学技術が駆使され検査が行われて、現在の食の豊かさや安全性を支えています。ところが、その新規性と複雑さが大きなハードルとなり一般の人たちの理解にはつながらず、わかりやすい誤情報が氾濫しています。さらに、食は市民・消費者のあまりにも身近にあり日々の暮らしと結びついているせいか、感情的な判断につながりがち。「昔はよかった」になりがちです。

前述の遺伝子組換えの事例はもとより、農薬や食品添加物への根拠なき反対運動など、人々の安心感のために科学的な安全が損なわれたり、社会が莫大なコスト負担を強いられたり、という現象が実際に起きています。

とりわけ、東日本大震災後の福島第一原子力発電所事故により食品の放射能汚染が起きた際、誤情報が氾濫しました。福島県産食品が危険視されたのです。そのような説の根拠となるデータ、検査値は出ていませんでした。

私は当時、「第四の災害である情報災害が起きている」と述べ書籍や講演などで注意を促していました。地震、津波、原発事故という三つの災害だけでなく、科学的に間違った情報が人々に無用の不安を呼び起こし風評まで招くという第四の災害につながっている、と考えていました。

原発事故後の情報災害はまさに、インフォデミックだったのではないでしょうか？　福島県産食品の風評被害や、不当な批判を受ける遺伝子組換え食品や食品添加物などの問題と、新型コロナをめぐる誤情報を信じ込んで健康被害を受ける人々の姿が、私の中で一つに重なります。情報を科学に基づいて理解し判断することの難しさは、現代社会の非常に深刻な課題なのです。

## パンデミックを超えレジリエンスを獲得する

ポストコロナを見据え、フードセキュリティのために科学技術を発展させ、さらに努力しなければならないのに、情報災害、インフォデミックにより、すぐれた科学技術が軽んじられ葬り去られることになりはしないか。まずは、科学的に適切な情報を伝え、多くの人たちの理解を求めてゆきたい。

そこで、科学者や国が大きく期待するゲノム編集食品、ノーベル化学賞の栄誉に浴する革新的な技術が用いられる食品の科学的な真実を通して日本の食を見つめ直し、未来の姿を考えてみたいと思います。とかく消費者の感情が優先され、「昔ながらのやり方」がよきものとされ、科学技術が軽んじられる日本がなにを変え、レジリエンスを獲得してゆくべきなのかを考えます。

本書前半では、ゲノム編集食品はどんなものなのかを、なるべく平易に解説します。第1章では技術の概要を、第2章で現在研究開発中の主な食品を紹介します。第3章は、もっとも関心の高いゲノム編集の安全性問題と国による規制の概要を説明します。

第4章からの後半では、技術革新を求めゲノム編集食品に期待を抱かざるを得ない世界の食の危機を伝えます。第4章は、新型コロナウイルス感染症の食分野への影響、人口増加が進む地球の危機、温暖化が及ぼす食への甚大な影響を、第5章はなぜ、人々がデマを信じ込み新技術に不安を抱くのか、心理学や行動経済学などからわかってきた人の気持ちと、誤情報が流れやすい日本特有の事情を具体的な事例を挙げて解説します。

第6章は、日本が置いてきぼりにならないため、食の科学をめぐる情報の取扱いのどんな点に注意を向けるべきなのか、〝処方箋〟を示します。食の科学と情報は極めて複雑です。情報を読み解き、総合的な判断を下すことが求められています。

本書が将来を見通す目を持つ読者のみなさんの冷静な判断の一助となることを願ってい

ます。

# 第1章

# 誤解だらけのゲノム編集技術

# 生物はそれぞれ「ゲノム」を持っている

ゲノム編集は、ゲノムを人為的に切り遺伝子を変異させる技術です。

ゲノムは、その生物の持つ遺伝情報全体を意味する言葉です。DNAという化学物質がその本体。ヌクレオチドという化学物質がつながってできています。ヌクレオチドには塩基(えんき)という部分があり、塩基にはATGCという四つの種類があります。図1のように、ヌクレオチドがつながり塩基は対になって、複雑な二重らせん状のDNAを形成しています。

大事なのは、4種類の塩基がどう並んでゆくのか、ということ。その数や順番、つまり塩基配列が生物ごとに異なり、個々の生物が特徴づけられます。

DNAはとても長くて、たとえばヒトであれば、一つの細胞に収まっているDNAを取り出して伸ばしてゆくとなんと2メートルにもなり、その中に32億の塩基対があります。それが折りたたまれて、小さな細胞の中におさまっているのです。イネは少し小さくて、それでも3億9000万の塩基対を持っています。

この数億とか数十億という塩基配列によって決まるのは、たんぱく質の生産です。たんぱく質は、アミノ酸がつながってできている化学物質。三つの塩基配列のつながりにより、一つのアミノ酸が決まり、アミノ酸のつながる順番により、特定のたんぱく質ができます。

［図1］遺伝情報全体を意味するゲノム

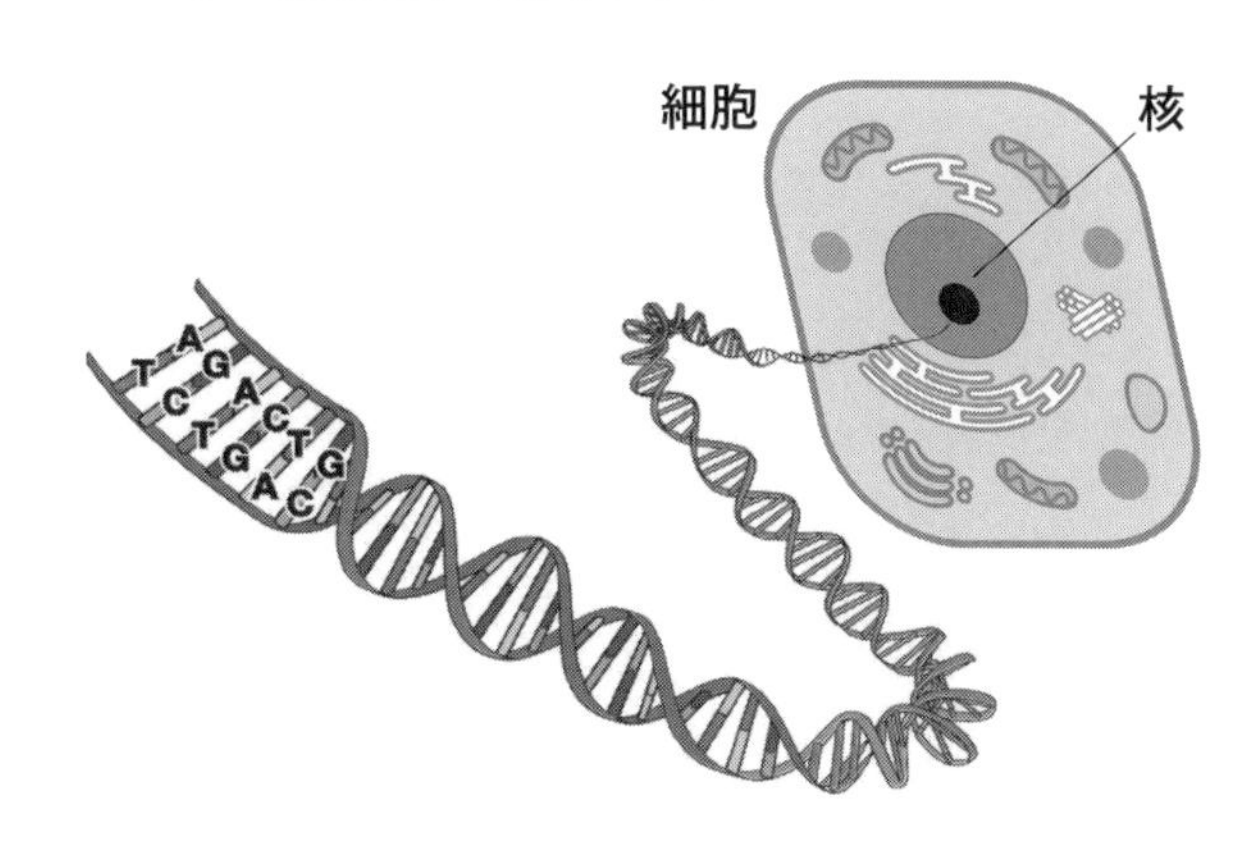


細胞の1つひとつに二重らせん状のDNAが入っており、この情報からたんぱく質が作られ、生命活動が維持される
出典：農水省「ゲノム編集〜新しい育種技術」

たとえば、塩基配列がTTTとつながっていると、それはフェニルアラニンというアミノ酸の遺伝情報であり、TTTGTACGGGAGという塩基配列は、フェニルアラニン－バリン－アルギニン－グルタミン酸というアミノ酸配列に相当します。通常、たんぱく質は50個から1500個程度のアミノ酸が結合してできていますので、塩基配列にすると3をかけ算して、150のものから、4500の塩基配列まで、それぞれにある、ということになります。

長いＤＮＡの塩基配列のすべてが、たんぱく質になるための情報、というわけではありません。ＤＮＡのところどころに、たんぱく質になるための塩基配列があり、それを遺伝子と呼びます。遺伝子でない部分は昔、ジャンクＤＮＡとかがらくたＤＮＡなどと呼ばれていました。機能がわからないのにあったからです。しかし、研究が進んで大きな役割を果たしていることが少しずつわかってきています。

とはいえ、遺伝子に相当するＤＮＡの部分がやっぱり極めて重要。たんぱく質は、筋肉や臓器、皮膚などさまざまな体のパーツを形作るものですし、体の中の代謝（たいしゃ）や生合成の反応を促す酵素という物質にもなります。生命活動の核となるのがたんぱく質。それを作る情報の大元が、遺伝子なのです。

ヒトは、遺伝子を約２万個持ち、イネの遺伝子は約３万２０００個と推測されています。これらの遺伝子がそれぞれに働いて、生物は生きています。

## 特定の遺伝子のみを変異させる技術

やっとゲノム編集技術の理解にどうしても必要な〝基礎情報〟の説明が終わりました。ここからが本題。「ゲノムのDNAの特定のたった一つの遺伝子を選び、切る」というのが、ゲノム編集技術の最大のポイント。これが、今までは非常に難しかったのです。「特定の一つ」でないのなら、遺伝子を切る、というのはこれまでも普通にありました。ゲノムのDNAが偶然に切れて遺伝子が変わる現象自体は、自然界で頻繁に起きており、突然変異と呼ばれています。紫外線や自然の放射線などが偶然の突然変異を引き起こし、突然違う性質を獲得した生き物が生き延びる、ということが繰り返され、生き物の進化につながりました。

人類は1万年ほど前から、栽培や飼育などの農業を始めます。最初は、自然の突然変異によりよい性質を持つようになった生物を選び、作物や家畜として育てるようになりました。これが「選抜育種」と呼ばれる手法。人は偶然生まれたよいものを選んで増やす、ということを続けてきました。

二つの花を近づけて授粉させる「交配育種」は18世紀から記録が残っていますが本格化したのは19世紀後半とされています。家畜でも、よい性質を持つオスとメスを掛け合わせる交配が行われるようになりました。90年ほど前からは、種子や苗などに強い放射線をか

［図2］育種の歴史

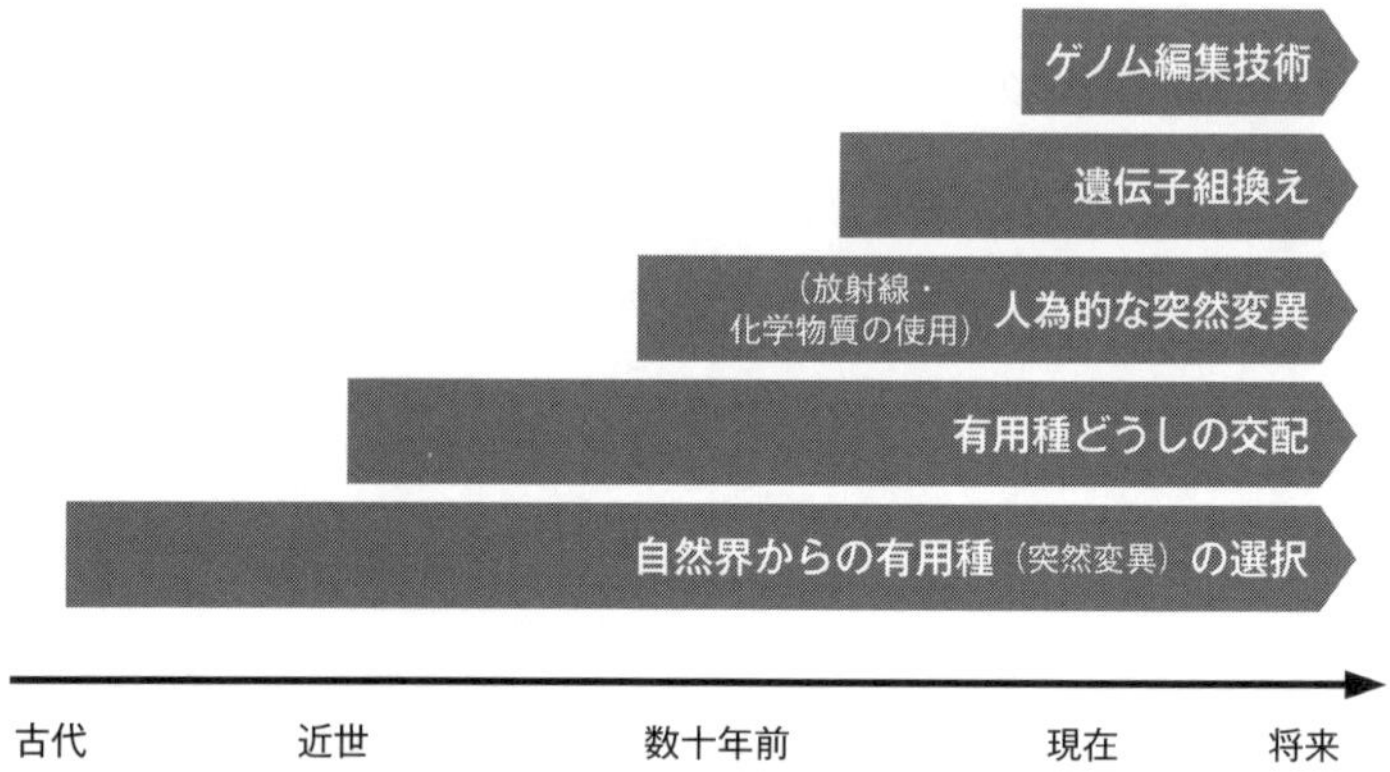

ゲノム編集技術

遺伝子組換え

（放射線・化学物質の使用）人為的な突然変異

有用種どうしの交配

自然界からの有用種（突然変異）の選択

古代　近世　数十年前　現在　将来

出典：農水省「ゲノム編集～新しい育種技術」

けたり化学物質にさらしたりしてＤＮＡを切り遺伝子を変異させる「突然変異育種」を行うようになりました。

交配育種、突然変異育種ともに、人為的な作業により遺伝子を変異させて性質を変える、という点はゲノム編集と同じでしょう。違うのは、この二つは処理段階で「どの遺伝子を変える」というのが選べないという点です。偶然に変わったものの中から、目的の遺伝子が変異し、よい性質に変わったものを選び出します。

これに対して、ゲノム編集は目的の遺伝子を一直線に目指して、それだけを切ります。基本的には、その遺伝子がかかわる性質のみが変わり、それ以外は変わりません。この効率のよい方法が2000年代に入ってから編み出されたのです。

## 目的の遺伝子に結合しはさみで切る

では、どうやって特定の遺伝子を切るのでしょうか？

細胞の中に「はさみ」を入れてゲノムを切らなければなりません。といっても、本物のはさみで切れるほどゲノムは大きくありません。そこで用いられるのが酵素です。酵素はたんぱく質でできており、DNAを切ることができます。酵素を細胞の中に入れゲノムの特定の位置に配置してその場所を切らせるのです。

いくつかのやり方が開発されましたが、現在主に使われているのがCRISPR/Cas9（クリスパーキャスナイン）という複合体のツールです。CRISPRがゲノムのDNAの狙った位置に結合し、Cas9という酵素がDNAを切ります。この手法を開発した2人の科学者が2020年のノーベル化学賞に決まりました。

切断された部位はたいていの場合には生物の本来の機能によって元通りに修復されま

［図3］CRISPR/Cas9を用いたゲノム編集

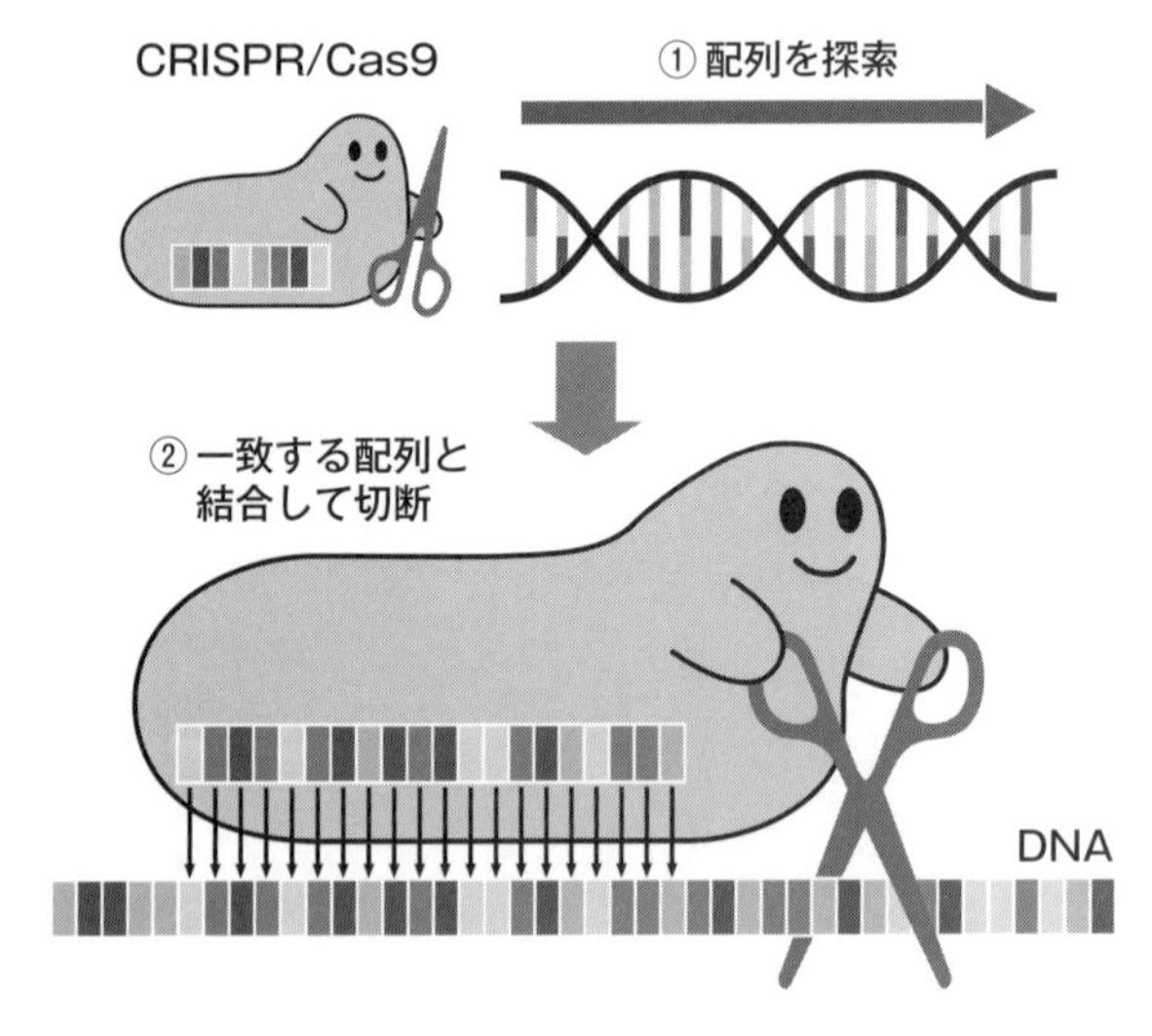


CRISPR/Cas9という複合体を細胞の中に入れると、CRISPRがDNAの特定の位置に結合しCas9がDNAを切断する
出典：農水省「ゲノム編集～新しい育種技術」

すが、ごくまれに修復ミスが起き、塩基配列の一部が欠けたり、ほかの塩基に置き換わったり、数塩基が挿入されたりします。その結果、そこの遺伝子が変異して、遺伝子として機能しなくなったり機能が弱まったり、と変化が起きるのです。

DNAが切れた場合にこの修復ミスが起きるのは、自然であれば10万回の切断に1回か100万回に1回ぐらいの割合、と考えられています。自然の紫外線や放射線によるＤＮＡ切断もたいていの場合には元通りに修復されますが、非常に低い確率で起きる修復ミスが変異となり、それが生物の進化につながる。だから、進化には長い歳月を要するのです。たとえば、約40億年前に生物が誕生しましたが、人類の祖先につながるまで非常に長い歳月が必要で、約３００万年前にやっと人類の祖先が完全な直立二足歩行に移行した、とされています。進化は自然の突然変異によりゆっくりと進みます。

ゲノム編集においても、人為的に切った時に修復ミスが起きる確率は自然界の切断と変わりません。細胞中にCRISPR/Cas9を入れてＤＮＡを切っても元通りに修復される、ということが続きます。しかし、Cas9は修復ミスが起きるまで切り続けてくれます。その結果、特定の遺伝子に確実に変異が起きるのです。CRISPR/Cas9は細胞中に入れても危険はなく、結合して切るという〝仕事〟をした後にはすぐに自然に分解されます。

コラム

# こぼれ落ちないイネは、たった一つの塩基置換から

生物は、ゲノムに数億〜数十億の塩基配列を持ち緻密に働かせているのに、ゲノム編集技術が施すようなたった1カ所のDNAの切断による遺伝子の変異で、いったいなにが変わるというのか？　そんな疑問を抱く人もいるかもしれません。

もちろん、大きな変化につながらない場合も多いのですが、たった一つの塩基配列の違いが日本人と食べ物の関係を大きく変えた、という事例もわかっています。イネの脱粒性（だつりゅうせい）にかかわる変異です。

脱粒性は、種子の落ちやすさのこと。アジアでよく食べられているインディカ種の多くは、種子が穂から落ちやすい性質を持っています。植物は花を咲かせ種子を付けると、それを落としてばらまこうとします。地面に落ちれば、増殖してゆくことができるので、これが植物の本来の性質です。イネのインディカ種は脱粒性のあるものが多く、収穫しにくく農家は苦労しています。

**［図4］ 頭を垂れる稲穂**

写真提供：Miya – stock.adobe.com

一方、現在日本で栽培されているジャポニカ種のイネは、脱粒性がなく、穂に種子がついたままなので、とても収穫しやすくなっています。

この違いが、ある遺伝子の塩基配列のたった一つの違い、GからTへの置換により生まれていたことが、日本の研究者のゲノム解析によりわかったのです。

研究成果は、著名な学術誌であるサイエンスで２００６年発表されました。研究者はこの遺伝子の変異が、野生のイネや世界で栽培されているイネの品種でどうなっているかを調べた結果、ジャポニカ種のみにあることを確認しました。約1万年前から3000年前（イネが日本に伝来した時期）までにこの変異が生まれて日本に持ち込まれ、日本で栽培されてさまざまな品種に発展していったのだろう、と考えられています。

「実るほど頭を垂れる稲穂かな」ということわざがありますが、あの風景はたった一つの塩基配列の置換から生まれたものなのです。

# 外から追加する遺伝子組換えとは異なる

ゲノムを切って遺伝子を変異させる、と説明すると「それは、遺伝子組換えですか？」と尋ねられます。私は、生協などに招かれて講演することが多いのですが、ほとんどの人たちがゲノム編集と遺伝子組換えを同一視している、という印象を受けています。ゲノム編集と遺伝子組換えは異なる技術です。

ゲノム編集はここまで説明した通り、ゲノムのＤＮＡの特定の部位を切って、そこにある遺伝子を変異させます。一方、遺伝子組換えは外から新たに、遺伝子を追加する技術です。まったく新しい遺伝子を導入できるからこそ、遺伝子組換えは「すべての植物を枯らす除草剤をかけられても生き残る」とか「害虫を殺すたんぱく質を作り出す」というような、飛び抜けて変わった性質を持つことができます。ゲノム編集には、そこまで飛躍的な変化は期待できません。

遺伝子組換えで外から新しい遺伝子を入れ込む時には、アグロバクテリウムという微生物が持つ、植物に感染して自らの遺伝子を送り込むという変わった性質を利用して遺伝子を細胞中に送り込んだり、金の微粒子に遺伝子をくっつけて高圧ガスで細胞中に打ち込んだり、とけっこう荒っぽいやり方をとります。

そのため、ゲノムのどこに新しい遺伝子が入るかは運任せ。うまく入らないことも多いですし、遺伝子がゲノムに入っても位置によっては遺伝子として働きません。たくさんの細胞に遺伝子組換え技術を施して、新しい遺伝子がよりよい位置に入ったものを選び出す、という作業をすることになります。通常、数万という遺伝子組換えを行って、やっと一つが商用化に行き着くぐらいの成功率だと言われています。

このように、既に持っている遺伝子の一つを切るゲノム編集と、外から新たに遺伝子をつけ加える遺伝子組換えは著しく違いのある技術なのですが、実験室で操作する、という同じようなイメージがあるためか、混同されがちです。

もう一つ、誤解を招きやすい原因があります。実は、植物においてゲノム編集をする場合、一時的に遺伝子組換えをするのです。

動物や微生物にゲノム編集を施す時には、細胞は膜で覆われているだけなので、CRISPR/Cas9をそのまま入れることができます。しかし、植物は細胞壁という非常に硬い壁があって、CRISPR/Cas9をそのまま入れるのは容易ではありません。そのため、植物に遺伝子組換えを施してCRISPR/Cas9を作る遺伝子をゲノムに導入します。うまく遺伝子組換えできると細胞中でCRISPR/Cas9が作られ、ゲノムの特定の位置につきDNAを切る、というゲノム編集をします。

この段階では、外から入れたはさみ遺伝子を持つ遺伝子組換え植物であり、しかも、特定の遺伝子がゲノム編集された、という二重に技術が駆使された個体です。そこで次に、遺伝子組換えもゲノム編集もしていない個体と交配します。すると、メンデルの法則に従って次の代では、「遺伝子組換えにより導入されたはさみ遺伝子」を持たない個体が出て

［図5］交配による外来遺伝子の除去

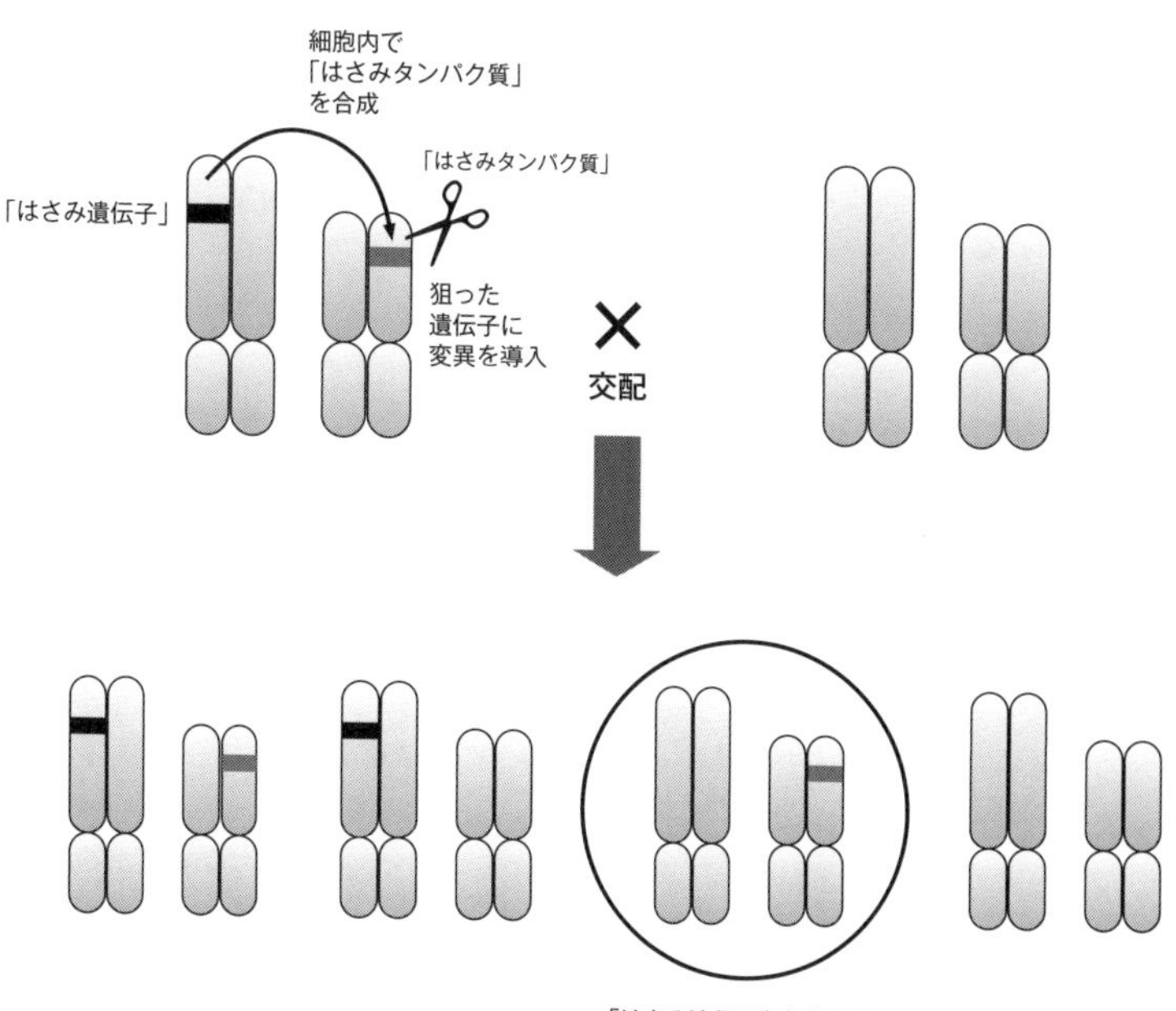


メンデルの法則に従って現れる「はさみ遺伝子は持たず、ゲノム編集された子」を選抜する

出典：農水省資料

きます。

このようにして交配した後代から、はさみ遺伝子は持たず、でも、「特定の遺伝子はゲノム編集されて変異が起きている」という個体を選べば、ゲノム編集の完成です。

こう説明されても、高校の時に習ったメンデルの法則は、多くの人たちにとっては「いったいなんだったっけ？」というものでしょう。結局、ゲノム編集と遺伝子組換えではなにが違うのか、というと、遺伝子組換え作物は新しく導入した遺伝子がそのまま残り、末永く働くように作られたもの。一方、ゲノム編集作物は、導入した遺伝子を除去したもの。しかも、除去されたことをＤＮＡ解析で確認しています。そのため、科学者は「まったく異なるものになる」と考えているのです。

とはいえ、一般市民にはわかりにくい複雑さがあるのもたしかです。こうして、ゲノム編集イコール遺伝子組換え、という誤解は消えません。そして、遺伝子組換え自体が危険だという誤解が強いために、「ゲノム編集も危ないに違いない」という思い込みも消えず、科学的にフラットな立場からの情報収集や議論が難しくなっています。

# ゲノム編集は開発コストを減らせる

ゲノム編集は、さまざま種類がある品種改良、すなわち育種のうちの一つの手法に過ぎません。しかし、食料生産にかかわる科学者は、熱烈な期待を寄せています。カナダでの調査では、育種の専門家の約7割が既に、ゲノム編集技術による育種に着手しています。非常に大きなメリットがある、と考えられるからです。それは時間や手間、コストの削減です。

従来の品種改良のうち選抜育種は、自然の突然変異で性質がよくなるものを見出すやり方なので、すぐれたものはごくたまにしか出てきませんでした。

交配育種、突然変異育種も、前に説明した通り、変異を起こさせる遺伝子を人は選べません。ランダムに処理を施し多数の遺伝子に変異を起こさせ、そこから目的の遺伝子が変異しているものを選び出す、というやり方です。

多くの市民がもっとも自然と考えている交配育種は、交配した時に多数の遺伝子が変わり、生物としての性質が著しく変化しているので、そのまま商品化はできません。その後に、ゲノム編集されていない個体を交配して元の性質に戻していく「戻し交配」という工程が入ります。これを何度か繰り返すことで、目的とする遺伝子が変異していて、残りは元のものと同じで変異していない、という品種ができます。戻し交配を7、8回行ってやっと新品種に、というのが普通。時には数十年、何代も栽培し、よいものを選び、という作業が続きます。

化学物質や放射線をかける突然変異も、DNAにかなり多くの〝傷〟が入り遺伝子が変異しています。多数の種子を処理し、その中からよいものを選び出し、さらに戻し交配をして品種に仕上げるのが普通です。

こうしたことから、これまでの育種手法を「断捨離の技術」と市民に説明した研究者がいました。なるほど、一度にたくさんの遺伝子を変異させて、その後に必要のない変異は捨ててしまうやり方です。

一方、ゲノム編集は従来法とは異なり、基本的には目指すたった一つの遺伝子のみを変異させることができます。うまく研究開発が進めば、育種に要する時間は1年から1年半。栽培回数も少なくて済み、開発コストを大幅に削減して新品種を次々に産み出して行くことができます。

［表1］ゲノム編集と他の育種法の違い

| | 従来の育種法 | 遺伝子組換え | ゲノム編集 |
|---|---|---|---|
| 手法 | ●交配<br>●放射線や化学物質による突然変異 | 外来遺伝子を導入 | 酵素でDNAを切断 |
| 特徴 | 変異させるゲノムの場所を事前には決められない | 遺伝子が入る場所を事前には決められない | 変異させる場所を事前に決め、そこを狙って遺伝子を変異させる |
| 外来遺伝子 | なし | あり | なし |
| 開発期間 | 数年〜数十年 | 数年〜10年 | 1年〜数年 |

新品種を開発する種苗企業が儲かる、というだけではありません。従来の方法では、新品種開発には広大な農地や人手が必要で、成果が出てくるのは平均して10年後。新規参入が非常に難しい業界でした。しかし、ゲノム編集であれば、中小のベンチャー企業もチャレンジできます。

育種にはもう一つ、方法があります。遺伝子組換えです。新しい遺伝子を外から導入するため、これまで持っていなかったまったく新しい性質を付加することができ、飛び抜けてすごい、という品種を作る可能性を秘めています。それに対して、ゲノム編集はもとからある遺伝子を変えるもの。従来の育種でもコツコツ時間をかけて数十年すればできるかも、というものを1年半ほどで作れます。それぞれに利点や特徴があるのです。

ゲノム編集技術が生まれた基盤には、ゲノム研究の急激な進展があります。昔は、遺伝子や塩基配列を知らないまま品種を改良していたので、交配や突然変異処理などを施し、結果的によい性質の個体を選び新品種につなげるしかありませんでした。

しかし、塩基配列を調べることができるようになりました。１９７０年代にバクテリオファージというウイルスのゲノムの全塩基配列が解読されたのを皮切りに研究が進み始め、90年代後半に大腸菌や枯草菌（こそうきん）、酵母などが解読されました。ヒトゲノムの概要解読終了は２００３年、イネゲノムの完全解読は04年です。

当時は、ゲノム解読に長い時間と莫大なコストを要しましたが、２０００年代半ばに塩基配列を読み取る次世代型の装置が開発され、その後も改良が続いています。ヒトゲノム解読には13年と30億ドルを要したとされていますが、現在の装置、技術であれば、数日間、費用は１０００ドル程度で解読を完了する、と言われるほどに技術は進歩しました。

その結果、さまざまな生物でゲノム解読が進み、その情報を基に、目的の遺伝子を決めてそれだけを変異させるというゲノム編集技術が可能になったのです。

## 「オフターゲット変異」への大きな誤解

では、ゲノム編集には問題点はないのか？

よく指摘されるのは「オフターゲット変異」です。

CRISPR/Cas9を用いてゲノム編集を行う場合、細胞中でCRISPRが間違えてターゲットではない違う位置にくっつき切ってしまう場合があります。これがオフターゲット変異です。

たしかに、オフターゲット変異により毒性物質を作るようになったり一部の栄養成分が作られないようになったり、などの悪影響が起きる可能性はゼロではありません。リスクという言葉は、実際に起きている危険を意味するものではなく、今後にヒトの健康への悪影響が起きる可能性と影響の程度を表す言葉です。オフターゲット変異のリスクはゼロではありません。

しかし、オフターゲット変異の確率は低く、しかも、起きないように手立てを講じる、というリスク管理が行われています。私は、リスクがゼロではないという前提に立っていくつかの性質の異なる対策とチェックの仕組みが作られていることを知って安心したのですが、「この技術を使わなければ、そもそもリスクはゼロだ。だから、技術を使ってはならない」という意見もあります。どちらに与するかは人それぞれ。ともかく、オフターゲット変異がどのようなものでどんな対策が講じられているのか、説明しましょう。

まずCRISPRがゲノムの部位につく時には、特異性が非常に高い仕組みを使っています。ゲノムの中の特定の20塩基配列につくように設計されているのです。ただ単に20塩基がつながっているところではなく、特定の順番でつながっている20塩基のところにつきます。塩基は4種類あります。その塩基が20個並ぶわけなので、4通り×4通り×4通り……と4を20回かけ算してなんと、1兆通り以上の可能性があります。そのうちのたった1通りの塩基配列があったらCRISPRがつくという仕組みなのです。同じ生物の中に偶然、同じ20塩基配列がある、という可能性はゼロとは言えませんが、確率論的に言えば著しく低いと言えます。

ただし、20塩基中1塩基か2塩基違う場合も、CRISPRがくっついてしまう場合があります。これがオフターゲット変異です。間違って別の位置にくっつきその部分を切ってしまうと、目的外の遺伝子の変異を引き起こしてしまう場合があります。

そのため、対策が講じられています。ゲノム情報が解読されている生物をゲノム編集する場合には、ゲノムの中に、狙った塩基配列と同じ配列や似た配列がないか事前に調べます。同じ配列がゲノム中にある場合は、その配列を用いたゲノム編集は断念し、別の配列で行います。似た配列がある場合には、別の配列でのゲノム編集に切り替えたり、ゲノム編集をした後に調べて、似た配列のところでは切れていない、変異していない、ということを確認したりします。

作物では、イネや大豆、小麦、ジャガイモなど約40種はゲノムが解読され公表されていますので、新品種の開発研究者は詳細に調べることができます。

ゲノム解読が進んでいない作物や家畜などをゲノム編集する場合は、オフターゲット変異は起きる、という前提で作業が進みます。つまり、目的の遺伝子以外の遺伝子でも、変異が起きている、と考えます。しかし、その後の工程で必要のないオフターゲット変異は除去される公算が大きいのです。

作物の場合にはCRISPR/Cas9の遺伝子を除去するための交配が必ず行われ、余計な変異が取り除かれます。動物細胞にゲノム編集をした場合も、よいものを選び出す選抜が普通に行われますので、オフターゲット変異は除去される、と考えられます。

ここで思い出していただきたいのですが、狙っていないところの塩基配列にも変異が起きているかも、というのは実は、これまでの育種で普通に起きていることなのです。日本育種学会によれば、交配育種では数万から数十万の変異が入り、突然変異育種では数百から数千のDNA変異が育種の工程でできています。ここから、変異により形状や生育の異常が明らかなものなどは取り除き、元の性質に戻して行くために戻し交配を行います。その段階で断捨離が行われ、必要な遺伝子変異を持ったものだけが商用化に至る、というのは前に説明した通りです。ゲノム編集はむしろ、これらよりも変異が少なく、マイルドな育種と専門家は説明します。

結局のところ、ゲノム編集で仮にオフターゲット変異が起きたとしても、従来の育種と同じで、問題とはならないだろう、と考えられるのです。「問題とはならないだろう」ではあやふやすぎる、と感じる人もいるでしょう。しかし、従来方法の育種では、だれも気にせず品種開発者に安全管理を任せています。ゲノム編集のみこれを理由に「ダメだ。リスクがある」というのは、あまりにも公平さを欠き、おかしいのではないでしょうか。

# 医療分野のオフターゲット変異とは異なる

オフターゲット変異は、可能性はあるものの、育種においては深刻な問題を引き起こすとは考えにくく、「現在開発が進んでいるゲノム編集食品のリスクは、従来の育種法による食品と同等だ」というのが科学者のおおぜいの意見です。

でも、日本人は「リスクがある」と言われると恐れおののいてしまい、「そのリスクは大きいか小さいか」という議論は苦手。一部の市民団体は「オフターゲット変異が起きるからゲノム編集は絶対反対」と主張し一定の支持を集めているように私には思えます。

もう一つ、ゲノム編集のリスクを考える時に気をつけなければいけないのは、医療における課題と混同してはいけない、ということです。

医療分野でのゲノム編集技術の使われ方は、食品における育種とは異なっています。たとえば、CRISPR/Cas9を直接、患者の体内に入れて遺伝子を変異させたり、患者から取り出した細胞をシャーレの中でゲノム編集して、そのまま体に戻したり、というような使い方が検討されています。この場合、育種のような戻し交配で要らない変異は取り去る、という工程がありません。目的としなかった遺伝子の変異、つまりオフターゲット変異が起きたままの細胞が体の中にある、というのはかなり大きなリスクとなります。

育種には断捨離のステップがあるのにその違いを無視し、半端な知識のまま医療分野の課題を引いて「ゲノム編集食品は危ない。リスクをゼロに」という主張している人が少なくないように私には思えるのです。

また、食品安全委員会遺伝子組換え食品等専門調査会の座長を務め、厚労省審議会においてもゲノム編集食品の規制について検討する委員を務めた中島春紫・明治大学教授は「ゲノム編集ベビーが先行して報道された影響も大きいのでは」と指摘します。

2018年11月、中国の研究者が受精卵をゲノム編集し双子が生まれたと発表しました。世界中で報道され話題となり、「倫理に反する」という批判が強く出ました。中国の裁判所が19年12月、研究者に対して3年の実刑判決を言い渡しています。この事件により、ゲノム編集技術が悪いものとして印象づけられ、育種での使用においても誤解を招いているのでは、と中島教授は話します。新技術だけに賛否両論あってよいのですが、科学的な事実を無視したまま感情的に判断するのは得策とは言えません。残念なことに、よく知らないままなんとなく反対、という人が多いように思えてなりません。

第 2 章

# ゲノム編集食品が食卓を変える

# 機能性成分を多く含むトマトが登場へ

日本で研究開発されているゲノム編集食品でもっとも市場に近いのは、筑波大学などが研究しているγ-アミノ酪酸（GABA）という成分を多く含むトマトです。GABAは、アミノ酸の一種で動物、植物に広く含まれ、人が一定量をとると血圧上昇を抑制する効果がある、とされています。

同大学つくば機能植物イノベーション研究センターの江面浩・センター長らが、トマトのGABA合成にかかわる遺伝子やその機能の解析などの基礎研究を10年ほど続けてきました。トマトはほかの野菜や果物よりはGABA含有量が多いのですが、血圧上昇抑制効果を得るには大量のトマトを食べなければなりません。そこで、日常的に楽に食べられる量のトマトで効果を得られるようにしようと、育種を行いました。

余談ですが、よく「この食品にはこの成分が入っているので、○○病予防によい」という情報が流れます。しかし、これは摂取量を無視した論法です。自然物、人工物を問わず化学物質は、摂取量により人の体への影響は大きく変わります。だから、医薬品は1日、

1回にとる量が決まっているのです。少なければ効かず、多すぎれば過剰摂取の害が起きます。

昔、タマネギが糖尿病によい、という情報がテレビや雑誌などで盛んに流されたことがありました。しかし、その根拠は動物実験。人で確認したものではありませんでした。しかも、動物実験で効果のあった体重1gあたりの成分量を人がとるとして計算すると、1日にタマネギを50kg食べる必要がありました。もちろん、わずかなタマネギで効くはずがないのです。なのに、メディアは平気でそんな情報を流します。

タマネギの話と同じように、普通のトマトでGABAをとろうとすると、トマトだけでお腹いっぱい。ほかの食品を食べられず、栄養面で別の支障が出てきてしまいます。そのため、GABAの含有量のみを上げる育種が必要だったのです。

GABAはトマトの植物体内でグルタミン酸というアミノ酸から作られています。その生合成にかかわるGADという酵素の遺伝子をゲノム編集してGADの活性を上げ、GABAがたくさん作られるようにしました。

その結果、普通のトマトの4～5倍のGABAを含むトマトができました。1日に2個のミニトマトを食べれば、効果を期待できるのです。トマトはビタミン類やミネラル類も豊富なので、日々、とりたい野菜です。

## 研究開発を支える世界一のデータベース

こうした高ＧＡＢＡトマトの概要はよく、テレビなどのマスメディアでも取り上げられます。「食べたら健康になれるという高ＧＡＢＡトマト、楽しみですね」で終わりです。でも、研究の真骨頂は実はここから。ＧＡＢＡトマトを手がける筑波大学つくば機能植物イノベーション研究センターは、トマトの基礎研究に欠かせないモデル品種「マイクロトム」に関する世界一のデータベースＴＯＭＡＴＯＭＡを構築し運営しています。世界の研究の〝縁の下の力持ち〟になり、だからこそ、新しいＧＡＢＡトマトも作ることができたのです。

生物学における「モデル」とは、実験材料として世界中の生物学者が集中して研究している生物や品種のこと。飼育や栽培がしやすくサイズが小さく世代交代が早いものが選ばれおおぜいの科学者が多角的に研究しています。たとえば、植物のモデル生物はシロイヌナズナ。各々の遺伝子がどんな働きを担っているか、どう連携しているか、詳細な解明が進んでいます。シロイヌナズナでわかっていることを基にして、ほかの植物でシロイヌナズナと共通するところ、違っているところを突き止め……というふうに、研究が広がってゆくのです。

トマトは、品種の改良が著しく進んでいる作物ですが、やっぱりモデル品種による研究はとても大事。そこで、マイクロトムが世界中で実験材料として用いられています。遺伝的には市販のトマト品種とほとんど変わらず、全ゲノムの解読が済んでいます。草丈が10～20センチ程度で小さく、狭いスペースで栽培が可能。しかも、播種から結実までが約3カ月と短く、さまざまな実験をしやすいという特性を持っています。

筑波大学は、このマイクロトムを化学物質にさらしたり放射線を照射したりして、突然変異体を作っています。2019年までに、1万6000系統以上を得ました。たとえば、色が違う変異体ができたとしたら、ゲノム情報を調べ、どこの塩基配列が変わっているかを突き止めます。それにより、色にかかわる遺伝子がどこにあるか、どんな役割を果たしているのか、解明が進みます。このような作業により、トマトの果実の日持ち性や着果性、糖や機能性成分の蓄積など、多くの遺伝子を特定し、その機能を明らかにし、それをデータベースとして公開しているのです。

しかも、情報をオープンにするだけでなく、得られた突然変異体を種子として維持しています。各国の科学者は、データベースにアクセスし、どこにどのような突然変異が入って性質が変わったか明確にわかっているマイクロトムの種子を譲ってもらい、さらに研究を進めたり、種子を用いて新たな育種に挑んだりすることができます。

このマイクロトムのデータベースは、国の「ナショナルバイオリソースプロジェクト」の一環として、筑波大学のほか、大阪府立大学、明治大学により運営されています。江面センター長によれば、トマトの変異体を世界でこれほどたくさん持っているところはほかになく、年間に1000件ぐらい種子の配布要請があり、その半数は海外からだとか。種子を送ると、科学者が研究し、その成果がデータベースに入力されます。こうして、世界の共有知となって行くのです。

1万6000の突然変異体を栽培して種子を採種し保管し、何年かおきに栽培し直して種子の更新もしておかなければ、配布もできません。たいへんな作業です。でも、そうした基盤があるからこそ、トマトの狙った遺伝子のみを変異させる、というゲノム編集技術が活きてきます。

［図6］ マイクロトムのデータベースTOMATOMA

各国の研究者から、年間に1000件ほどの種子の配布要請がある

実際に、江面センター長らの開発は高ＧＡＢＡトマトだけに止まりません。これまでの突然変異体研究で、収穫後に室温で2カ月置いても外見がまったく変わらないものが見つかりました。そこで遺伝子を調べたところ、果実を老化させるエチレンという物質にかかわる遺伝子の塩基の一つがＴからＡに置き換わっていました。トマトは約9億の塩基対を持っていますが、そのうちのたった一つの塩基が置き換わっただけで、そこま

で顕著な変化が起きる。こうしたところが、生き物のすごさです。

江面センター長によれば、この遺伝子は植物が共通して持っているもの。野菜や果物が持つこの遺伝子をゲノム編集することで、形や色、おいしさなどはそのまま、日持ちが格段によくなる品種を開発できるかもしれません。収穫後の流通や店頭に並ぶ間の廃棄を減らすことができ、食品ロスの大幅削減につながりそうです。日本のデータベースを基に、世界で次々に育種が進む。わくわくする話です。

## 収量の多いイネを目指す

国立研究開発法人農業・食品産業技術総合研究機構（農研機構）は、収量の多いイネの開発を進めています。正しくは、「シンク能改変イネ」。シンク能というのは、光合成でできた物質を蓄えておく能力。イネにおいては、籾（もみ）の数と籾の大きさ（重量）によりシンク能が決まります。農研機構は、シンク能にかかわる遺伝子をゲノム編集技術により変異させ、高品質の米を多く収穫できる系統の開発を目指しています。

野外での栽培試験も行われています。２０１９年度の段階では、遺伝子組換えによりCRISPR/Cas9の遺伝子が導入されゲノム編集が行われたイネなので、遺伝子組換えの規制に応じて厳重に管理され栽培試験が行われています。将来は、外から導入された遺伝子

**[図7] つくば市にある農研機構の試験圃場**

まだ商用栽培が許可されていない遺伝子組換え作物は、法律に基づき、厳重に管理された試験圃場でネットをかけられた中で栽培される。排水も、そのまま野外に放出されることはない

はすべて除去されることになります。

収量が増えれば、米の価格低下につながり海外に輸出した場合の市場での競争力が高まります。また、葉や茎、未熟な穂がついたままのイネや収穫した米を家畜の飼料として用いる動きも強まっています。飼料用は、人が食べる品種ほどの味は求められず、収量の多さが普及の決め手です。

収量を上げるというのは、今までのイネの育種においても常に最大の課題の一つでした。しかし、従来の方法では収量を飛躍的に上げる、というのは難しいのが現実でした。品種は、収量だけでなく収穫物の品質、病原菌に抵抗性を持つかどうか、害虫の被害を受けにくいか、生育期間など、さまざまな要素を満たすものでなければなりません。収量が上がると、ほかの要素が悪化しがちで、多くの要素を高レベルで満たす新品種を作るのは容易ではないのです。ゲノム編集をうまく用いれば、米の品質や病気への強さ、栽培のしやすさなどの要素は高レベルを維持したまま、収量にかかわる遺伝子だけを変異させる、ということができるかもしれません。

## 魚の養殖が大きく変わる

ゲノム編集は、ここまで主に紹介してきた作物だけでなく、家畜や魚などに対しても行われています。とくに、魚の育種は注目されています。養殖漁業が世界の食を支えるようになってきているからです。

国連食糧農業機関（ＦＡＯ）の「２０１８年世界漁業・養殖業白書」によれば、１９６０年代には一人あたり年間10kgだった魚類消費量は２０１６年には20・３kgに。魚介類の取りすぎによる漁業資源の枯渇が懸念されるため養殖が推進されており、漁獲量における養殖の割合は同年、全体の47％を占めるまでになりました。

日本では、水産全体の生産量は下がっていますが、養殖はその4分の1を占め、ほかの沖合漁業や遠洋漁業などが大きく減っているのに対して減少は小幅に止まっています。日本の食用魚介類の自給率は59％（２０１８年度）ですが、海外における需要の高まりや漁業資源保護を考えると、養殖に力を入れざるを得ません。

ところが、魚の育種は難しいとされています。交配育種の場合、親の成熟を誘発したり、産卵や受精のタイミングを合わせたりするなど、各段階で整えるべき条件が魚の種類ごとに異なり複雑です。そもそも、水槽の中で卵から大人の魚にまで育てるという飼育は、自然環境とまったく異なり、困難が山積み。生殖可能な大人になるまでに何年もの時間がかかり、交配を重ねて行くような育種が難しいケースもあります。しかも、性質のよい系統を作り出したり選抜を重ねたりする過程で、区別して飼育しなければならず、莫大なコストがかかります。

フグやブリ、ヒラメなどではゲノム解読が済み、この先の育種に期待がかかります。判明したゲノム情報をフル活用してゲノム編集すれば、戻し交配などのステップを減らすことができ、時間短縮とコストの削減は顕著です。

## 肉厚マダイの誕生

京都大学と近畿大学などによる研究チームは、ゲノム編集技術により筋肉を増量したマダイを開発しました。肉厚マダイとかマッスルマダイなどとも呼ばれています。マダイは体重に占める可食部の割合が4割以下。ブリは6割以上で、比べれば効率が悪く、改良が図られました。

京都大学の木下政人助教によると、ゲノム編集されたのは、ミオスタチン遺伝子。ミオスタチンという物質は筋肉細胞の増加や成長を止める役割を果たしており、この物質を作る遺伝子の働きをゲノム編集で止めたところ、筋肉が増え肉の分厚いタイができました。

この開発は、牛での研究が元になっています。ベルギーで通常の交配により開発されたベルジアンブルーと呼ばれる筋肉もりもりの品種があります。ミオスタチン遺伝子が変異しており、肉が柔らかく、脂肪分が少ないため、ベルギーでは飼育されている牛の9割が、ベルジアンブルーの血統だそうです。

魚もミオスタチン遺伝子を持っており、メダカで人為的にこの遺伝子を欠損させたところ筋肉量が増大することが既に報告されていました。そこで、マダイの遺伝子のゲノム編集を試みたのです。受精卵に小さな針を差し込んでCRISPR/Cas9を入れる「マイクロインジェクション」という方法をとりました。ミオスタチン遺伝子が変異し、注入したCRISPR/Cas9は分解されて、最終的に筋肉量が増えたマダイが得られました。

近畿大学は昔からマダイの育種を手がけており、10世代以上も育ててその間に成長の早

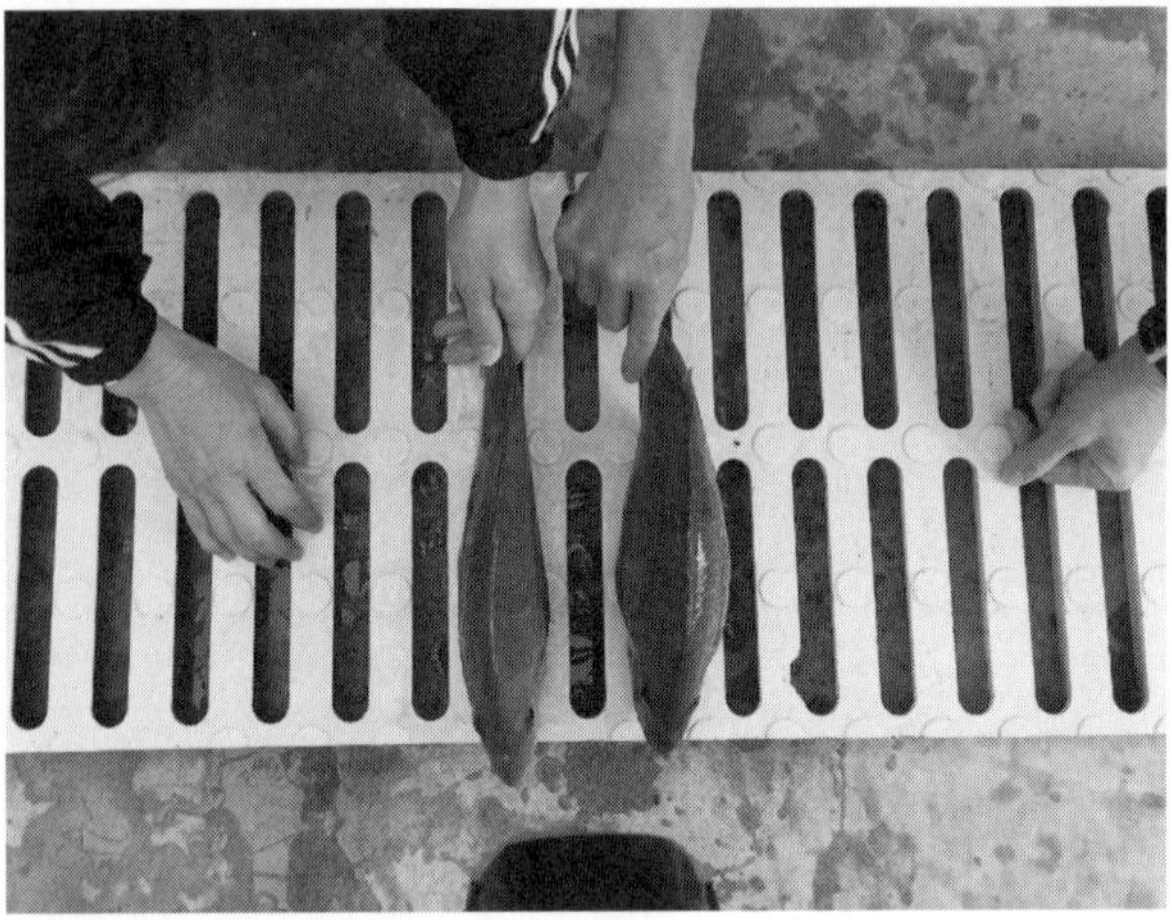

［図8］ 普通のマダイ（左）と肉厚マダイ（右）

写真提供：京都大学・木下政人助教／近畿大学・家戸敬太郎教授

い系統を選抜し商品化に成功しています。20年以上かかったそうです。一方、肉厚マダイはまだ商品化はされていませんが筋肉量を増やす、という目的はほぼ達成されており、2年ほどで成功の目処がたったと報告されています。すばらしい成果です。

一方、国立研究開発法人水産研究・教育機構などは、おとなしいマグロの研究を進めています。マグロはとても敏感な魚で光などに驚いてパニックに陥り、生け簀の網に猛スピードでぶつかって死んでしまう個体が多いそうです。そこで、高速遊泳にかかわる遺伝子の機能をゲノム編集で抑えたところ、接触刺激に対して鈍感で、なおかつ、刺激を避けようとする時の遊泳速度が遅いマグロを作ることができました。実験用水槽の飼育システムも改良し、従来であれば1週間ほどで死んでしまったのが、ゲノム編集マグロを1カ月以上飼育できるようになりました。

マグロでの方法は、サバなどほかの魚にも応用できる見込み。ゲノム編集は、養殖漁業振興へ突破口を開く技術なのです。

## 期待高まる毒のないジャガイモ

ゲノム編集によって、毒性物質を含まないジャガイモもできるかもしれません。ジャガイモが含むのは、ソラニンやチャコニンなどの「ステロイドグリコアルカロイド」（SGA）という物質です。

SGAを減らそう、なくそうという育種はこれまでさまざま試みられてきました。しかし、うまく行きませんでした。

交配育種の手法では通常、現在食べられている品種に毒のない野生種などを掛け合わせて、「毒がない」という性質を導入します。しかし、ジャガイモの野生種でSGAを持たないものはない、と考えられており、この手法は使えません。

化学物質や放射線による突然変異育種で、SGAに関係する遺伝子を変異させてSGAを作らせないようにする試みもありました。しかし、これもジャガイモの場合にはなかなかうまくゆきません。ジャガイモの多くの品種は、ゲノムのセットを4つ持つ「四倍体」です。突然変異処理により1セットのゲノムで偶然、SGAに関係する遺伝子を変異させることができても、残り3セットが変異していないのです。ほかの3セットも偶然、同じ変異が入る、というのはほとんどゼロに近い確率。しかもジャガイモは、種子を作って繁殖するのではなく、「栄養繁殖」という別の方式をとるため、1セットの変異を活かしてほかの3セットも変えてゆく、というのが困難でした。

ところが、ゲノム編集であれば、4つのゲノムセットで、同じように特定の部位を切って一気に遺伝子を変異させることができます。そこで、大阪大学などの研究チームがチャレンジし、SGAの大幅に少なくなったジャガイモの作出に成功しました。

とはいえ、市販化はまだかなり先のようです。前に説明した通り、作物のゲノム編集の場合には、ゲノムの特定の位置にくっついて切る酵素などを細胞に直接入れることが難しく、まずは遺伝子組換えで遺伝子を導入し、細胞の中で酵素などを作らせます。そして、ゲノム編集をした後に導入した遺伝子や塩基配列を除去する必要があります。除去しないままだと、「遺伝子組換え作物」として扱われ、別途安全性の評価が必要になります。ところが、ジャガイモは先ほど説明した通り四倍体であり、しかも栄養繁殖するので、導入した遺伝子の除去を四つのセットで同じように行う、というのが容易ではありません。そこで、研究チームは動物と同じように遺伝子組換えをせずゲノム編集を行う手法を開発し論文発表しました。

作物では、ジャガイモと同じようにゲノムのセットを多数持つ「倍数体」の種類が数多くあります。たとえば小麦は四倍体や六倍体で、育種にはこれまで多くの苦労がありました。今後、ゲノム編集により倍数体の作物の育種も一気に進むことでしょう。

## ジャガイモは、新規食品として認められない？

ソラニンという単語には聞き覚えのある人が多いことでしょう。ふだんから食べているジャガイモの芽の毒。なじみがあるので、たいしたことがないと思われがちです。しかし、ジャガイモに含まれるソラニンやチャコニンなどのステロイドグリコアルカロイド（ＳＧＡ）は実際には、かなり毒性の強い物質です。

体重50㎏の成人がＳＧＡを50㎎食べると症状が出る可能性があり、１５０〜３００㎎食べると死ぬ可能性があると考えられています。子どもはもっと少ない量に反応しやすく、小学生がＳＧＡを16・５㎎食べて発症した事例があります。

ジャガイモが含むＳＧＡは、芽１００ｇあたり２００〜７３０㎎。芽だけでなく光に当たって緑色になった皮やその近くにも１００ｇあたり１００㎎以上のＳＧＡがある、とされています。計算すると、子どもは、緑色になった皮とその付近を16・５ｇ食べると発症します。16・５ｇというのはほんのわずかな量です。

また、普通に食べるイモの中身（髄質部）にもＳＧＡは含まれており、海外の文献ではイモ１００ｇあたりＳＧＡ含量は４・３〜９・７㎎。国内のメークインや男爵などの品種の調査でも、数㎎は含まれることがわかっています。さらに、未熟なイモはＳＧＡ含量が高いこともわかってきました。

ジャガイモの芽は食べないのが常識です。しかし、光が当たって緑色になった皮やその近くにもSGAが多量に含まれ、普通に食べている部分にすら微量ながらあるという事実を、ほとんどの人が知りません。

その結果、事故が多発しています。しかも、小学校で。子どもたちが授業で栽培し収穫したイモが原因です。栽培に不慣れなために、イモが土の表面に顔を出したままで育ててしまったり、収穫後にしばらく日の当たるところに置いたり、未熟なイモを収穫したり、というミスです。厚労省の調査では、学校でのジャガイモ食中毒が2006年から10年間で計21件発生しています。

ジャガイモは、意外に危ないもの、なのです。科学者の中には、「ジャガイモが今、新規の作物として開発されたら、安全性審査で問題あり、ということになり販売を認められないだろう」と言う人もいるほどです。そのため、厚労省や農水省は学校栽培について、農家など専門家の指導を受けながらするように注意喚起をしています。

店で売られているジャガイモは農家が完熟のものを収穫して出荷していますので大丈夫ですが、購入して家庭でしばらく置いていたものは注意を。「食べてえぐみがあるな」と思ったとすると、おそらくSGA含量が高めです。

## 体によい油や茶色になりにくいレタス

ここまで、国内で開発されているゲノム編集食品について紹介しました。海外でも、多種多様な食品が開発されています。

商用栽培と販売が始まっているのは、アメリカの高オレイン酸大豆。食用油用の品種で、健康によいとされる不飽和脂肪酸の高オレイン酸を多く含み飽和脂肪酸は少なく、心臓疾患リスクなどを高めるとされるトランス脂肪酸がゼロです。民間のカリクスト社が開発しました。

イントレクソン社は、褐変(かっぺん)しないロメインレタスを開発しました。葉先が茶色にならず、店頭に2週間は並べておけます。開発企業は「流通段階や店頭での廃棄量が減りフードロス対策に貢献する」と言い、商用栽培を計画しています。

また、アレルギー症状を引き起こすアレルゲンを含まない食品の開発も進められています。グルテンを含まない小麦、ナッツアレルギーの人でも食べられるナッツなど、患者にとっては光明となる食品が生まれるかもしれません。

中国でも、ゲノム編集による育種が活発化しています。有名学術誌サイエンスを発行するアメリカ科学振興協会のウェブサイトが２０１９年7月に掲載した記事によれば、収量増加や病気への抵抗性、干ばつ耐性や耐塩性などさまざまな性質について、ゲノム編集技術で改良しようとする研究チームが多数動いています。

中国化工集団有限公司（ケムチャイナ）が２０１７年、スイスの企業シンジェンタを買収したのも、有利に働いています。シンジェンタは農薬では最大手、種苗でも世界第三位の企業で、育種においてもさまざまな設備、技術を保有していました。その企業を中国の国有企業が買収したのです。ニュースは「中国の指導者は、ゲノム編集技術に対して戦略的に投資を進め開発を目指し、グローバルリーダーになろうとしている」というシンジェンタ北京研究所のリーダーの言葉を紹介しています。

第3章

# ゲノム編集の安全を守る制度

## 「自然だからいい」は大間違い

ゲノム編集食品は、食べて安全なのか、危険なのか？　よくそう尋ねられるので、こう答えます。「従来の食品と同等に安全ですよ。でも、リスクゼロ、パーフェクトな安全は保証できません」。

ならば、食べない。子どもにも絶対に食べさせない。自然なものを食べたい……。

そんな反応が返ってきます。ごもっとも、心情はよくわかります。でも、科学的には同意できません。なぜならば、ゲノム編集食品に限らず、この世にリスクゼロの食品は存在しないからです。自然・天然というイメージの食品は安全と思われていますが、リスクはゼロではありません。いえ、自然・天然はむしろリスクが高い場合が多く、それに人が手を加えることで安全に食べられるようになってきたのが「食の歴史」です。

ゲノム編集の安全性を理解するにはまずは、多くの人が抱いているこうした「自然・天然は善・安全で、人工合成は悪・危険」という思い込みを捨てる必要があります。

自然が安全だとは限らないのは、第2章で説明したジャガイモの毒性物質ＳＧＡを思い浮かべれば明らかです。自然には、フグ毒やキノコ毒など死に至らしめるような毒性物質が数多くあります。食中毒を招く腸管出血性大腸菌やカンピロバクター、ノロウイルスなどの微生物もすべて自然のものです。

生物はそれぞれ、長い進化の歴史の中で、毒性物質を作るなどして敵を撃退し、サバイバルしてきました。それに対して、人類はさらにうわてを行く生き物として、なるべく毒の少ない植物を選び育種を重ねて現在の作物や家畜を作り上げてきました。今でも残るトマトの原種に近いものは小さく、人には有害な物質がたっぷり含まれています。それを人の手で改良し続けて、現在の大きくておいしいトマトになっています。

人類は、育種だけでなく加工も工夫しました。たとえば、火による加熱です。これにより、微生物を殺菌、不活化して、大幅に安全性が向上した食物を手に入れられるようになりました。加熱は、植物の毒性物質の不活化につながる場合もあります。豆類に含まれるトリプシンインヒビターは、そのまま食べると消化酵素トリプシンの活性を阻害し、下痢などの症状が起きます。しかし、加熱することによりトリプシンインヒビターが壊れ、私たちはおいしく豆類を食べられるのです。

おそらく、古代の人類は毒キノコを食べて命を落としたり、豆類でひどい下痢になったり、毒性物質を含むトマトに嘔吐したりしながら少しずつ学び、育種や加工法の改善を推し進めてきたことでしょう。つまり、先人の苦労があり人為的な操作があるからこそ今、私たちは食品を心配せずに食べられるようになっています。

**[図9] トウモロコシの原種との比較**

左がトウモロコシの原種とみられているテオシント。右が現在のトウモロコシ。人類が選抜し品種の改良を重ねた結果、現在のような形になったと考えられている。中間にあるのは両者を交配させてできた実

写真提供：John Doebley, Department of Genetics, University of Wisconsin-Madison

## 普通の食品に、発がん物質が含まれている事実

こうした除去が進んできたのは、食べてすぐに激しい症状が出る強い毒性物質や微生物などです。毒性による悪影響が長期間食べ続けることによりじわじわと表れてくるもの、たとえば発がん物質などは、食品中から取り除けていない場合が少なくなく、人類は知らないまま食べ続けてきたようです。食の科学のこの20〜30年の進展により、さまざまな事例がわかってきました。

たとえば、ジャガイモや小麦などを高温で加熱すると発がん物質アクリルアミドが生成する場合があり、私たち人類は現在も結構な量を食べています。この事実が判明したのはわずか20年ほど前、2002年のことです。

米にも無機ヒ素という発がん物質が含まれます。生野菜も精密に分析すると、微量ながら多種類の発がん物質が検出されます。発がん物質が食品中に含まれていても、それを食べた人ががんになり、表面化するのは数十年後。昔は、がんになれるほど長生きする人が

多くはなく、しかも「この食品のせいでがんになった」という因果関係を突き止めるのは容易ではありません。その結果、人類は知らないままに食べ続けてきたのです。

食品には、発がん物質だけでなく、がんには至らないけれども人の体によいとは言えない毒性物質も含まれています。だからといって、ジャガイモや米、野菜を食べるのを止めろ、ということにはなりません。私たちはこれらから、豊かな栄養やおいしさを得てきているからです。

ただし、研究によって非常に有害であることが判明すれば、その食品は禁止されます。最近では、人気だった野生のキノコ、スギヒラタケが「食べないように」と注意喚起されました。2004年に意識障害やけいれんの症状を訴える人が相次ぎ、詳しく調べたところ、スギヒラタケが原因とわかりました。当初は気候の変化などにより急に毒キノコになったのかも、などと言われていましたが、調査の結果、以前から症状を訴える人がいて、風土病として扱われていたことがわかってきました。

スギヒラタケのような激烈な症状、有害性がない場合は、食品として利用しながら対策が研究され講じられることになります。たとえば、アクリルアミドについては多角的に調べられ、コラムで述べるようにさまざまな対処法が出てきました。米の無機ヒ素は、土壌中にある無機ヒ素を吸収するのが原因なので、吸収しにくい栽培方法が農家に伝えられています。

結局のところ、人類にとっての食は、たくさんの栄養を得ると同時に発がん物質、毒性物質も少し摂取する、というものなのです。未知の化合物も食品には相当数含まれており、これらが発がん性や毒性を持つことも十分あり得ます。つまり、どんな食品もリスクゼロではありません。

加えて、体に必須の成分であっても摂取量が多すぎると有害であることもわかっています。たとえば、食塩は1日に1・5gは必須とされていますが、とりすぎると高血圧になりやすく、胃がんリスクも上がります。必須のビタミン類でも、過剰摂取すると症状が出ますし、妊娠中の女性の場合には胎児に深刻な影響が出る場合もあります。

こうしたことから、ゲノム編集食品の安全性を検討する際にも、リスクゼロを求めるのではなく、ゲノム編集技術を用いない既存の食品との比較で「同等のリスク」と認められれば安全だということにしよう、というふうに考え方が整理されています。

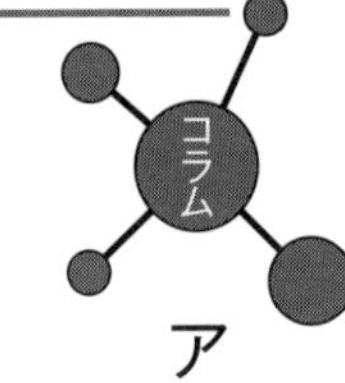


# アクリルアミドの少ない調理法は?

アクリルアミドは1950年代から、工業用の化学物質として使われてきました。動物実験で大量投与するとがんができることから、人に対してもおそらく発がん性があるだろう、と考えられてきました。しかし、工業原料の問題で食品とは無縁の話でした。

ところが、スウェーデンの研究所が2002年、食品中にも含まれている、と発表したのです。アミノ酸のアスパラギンと果糖やブドウ糖が一緒にあり、120℃以上の高温で調理されると食品中で化学反応が起き、アクリルアミドができてしまいます。アスパラギンも果糖やブドウ糖も、ごくごく一般的な食品成分です。

当初はフライドポテトやポテトチップスなどが、アクリルアミド含有量が高いとしてやり玉に上がっていましたが、その後の調査で、パンやビスケット、黒糖や野菜炒めなど、さまざまな食品・メニューにアクリルアミドが含まれることがわかってきました。家庭の調理でもアクリルアミドが生成します。パンをトーストすると、アクリルアミドの量が増えますし、フライドポテトをしっかり揚げて色が濃くなると、薄いフライドポテトに比べてアクリルアミド量が多めになってしまいます。

アクリルアミドのリスクを検討した内閣府食品安全委員会は、さまざまな調査研究を行ったあげく、もっとも重要なこととして、「特定の食品に極端に偏らない食生活を」という見解を示しました。バランスよく多種類の食品を食べるようにすれば、アクリルアミドの摂取量はほどほどに止まります。加えて、野菜などは過度に加熱しないよう注意が促されています。

そうは言われても気になる、という人には、農水省の提案が参考になります。アクリルアミドが少なくなる調理法を研究したのです。たとえば、きんぴらごぼうであれば、通常は油で炒めて作りますが、途中の工程として水を加えて蓋をして加熱する「蒸し煮」をし、最後にからっと炒めるようにすれば、アクリルアミドの含有量が下がる、とのことです。水の加熱は100℃を超えることがないからです。電子レンジも、アクリルアミドが産生されない加熱法です。

もっとも、私個人は農水省の提案は実行していません。なぜならば、やっぱりおいしくないからです。人は、アクリルアミド以外の発がん物質もいろいろ、食品からとっていますし、自然の紫外線や放射線もがんにつながります。たばこの副流煙も非常に有害です。アクリルアミドだけを気にしても仕方がないので、バランスのよい食生活のみを実行しています。

## 研究が進んでいるがゆえに不安を招く

ゲノム編集食品は第1章で説明した通り、ゲノムの特定の場所を切って遺伝子に変異を起こさせた食品です。ただし、ゲノム編集食品は、技術発展のスピードが非常に速い、というのが特徴。ゲノムの特定の場所を切って後は自然にお任せ、というタイプだけではなく、切断した際に新しい塩基配列や遺伝子を挿入してゲノムを変え、もっと好ましい品種を作り上げようとする研究も今、進められています。これらの安全性は当然、ただゲノムの特定の部位を切るだけのものと分けて検討しなければなりません。

さらに、安全性はなんに対してのものか、という点でも区別が必要。①人が食べた場合の安全性、②飼料としてゲノム編集作物が用いられた場合の、家畜や魚などへの安全性。さらに、その家畜の肉などを人が食べた場合の安全性、③ゲノム編集食品になる作物や家畜、魚などを栽培・飼育する際の、野外のほかの生物、生物多様性に対する影響……という三つの面から検討しなければならないのです。

こうしたことから、ゲノム編集食品の安全性の説明は、非常に複雑にならざるを得ません。一般の人たちにとっては極めて難しく、警戒感を抱くのは当然といえば当然です。

その結果、反対運動が展開されています。遺伝子組換えに反対する市民団体・生協がゲノム編集にも反対する構図。国の規制に関する意見募集（パブリックコメント）が食品安全性と環境影響について行われていますが、それぞれ300通以上の意見が寄せられ、多くはゲノム編集食品の生産や流通などに反対する意見でした。

実は、これまで育種されてきた作物や家畜なども科学的には、ゲノム編集と同様に多方面からの検討があってしかるべき、でした。しかし、昔は科学研究が進んでおらず、なんとなく大丈夫だろう、という感覚で実用化されてきました。遺伝子組換えやゲノム編集は、科学研究が進んだからこそ、厳密に多角的に安全性が検討されている、と言えます。ところが、「わざわざ検討しているのだから、やっぱり危ないに違いない」という疑念、不安を市民に生んでしまう。なんともやっかいな状況です。

ともあれまずは、食の安全をめぐる検討、日本の制度について説明しましょう。

## 科学的には、従来食品と同等に安全

ゲノム編集は、原則としてはゲノムの特定の場所を切る、という技術です。第1章で述べたように、ゲノムを切り遺伝子を変異させる、というのはこれまでの育種と共通で、狙った場所を切る、という点が異なります。

厚労省は、ゲノム編集食品の食品としての安全性について専門家を集めた審議会（薬事・食品衛生審議会食品衛生分科会新開発食品調査部会 遺伝子組換え食品等調査会）で検討し、2018年12月、報告書を出し規制の方針を示しました。ゲノムの特定の場所を切って遺伝子を変異させたもので、外来遺伝子がきちんと除去されたものについては、安全性審査は必要がない、というのが結論です。

この審議に加わった中島春紫・明治大学教授は「ゲノム編集食品は基本的には、従来の育種の方法で長い時間をかけて辛抱強く改良して行けば、いつかはできるものです」と言います。従来なら100年かけて作っていた品種を1年半で作り上げる。最終的にできる食品は、従来法によるものと同じです。中島教授は、国の意見交換会でも、NHKのテレビ番組などでも「ゲノム編集食品の安全性は、これまでの食品と同等ですよ」と説明しています。

## 「食の安全」をめぐる日本の制度

ただし、規制は「すべて審査なし」ではなく、かなり複雑な仕組みになっています。

現在、実用化が図られているのは、ここまで説明してきたゲノムの特定の部位を切って自然の修復ミスにより遺伝子変異を引き起こすもの。タイプ1（SDN－1）と呼ばれています。

ところが、まだ実用化には至っていないものの、ほかに2種類のタイプがあります。細胞の中にゲノム編集のツールであるCRISPR/Cas9を入れる際にＤＮＡの鋳型も一緒に入れておき、ただゲノムの特定の場所を切るだけでなく、切った際に、切り口が鋳型に沿った塩基配列になるように直すのが「タイプ２」（SDN－2）。外来の遺伝子も一緒に細胞中に入れておき、ゲノムが切れた際にすっぽりと外来の遺伝子も入ってしまうようにするのが「タイプ３」（SDN－3）です。

タイプ２とタイプ３は今のところ、実用化にはまだ種々の困難があり、とくに作物の育種では難しいとされています。ゲノムを切るはさみとなるCRISPR/Cas9と共に、タイプ２ではＤＮＡの鋳型を、タイプ３では挿入したい遺伝子を細胞に入れてゲノムの特定の位置まで持ってこないとならず、たいへんなのです。それに加えて、ゲノムを切った後に鋳型ＤＮＡや新たな遺伝子をうまくつなぐには、整えるべき細かな条件がさまざまあります。

食品としての安全性を守る規制を担当する厚労省は、タイプ２、３も将来登場する可能性があることを踏まえ、タイプ１から３までをカバーする規制の仕組みを決め２０１９年10月から運用を始めました。

[図10] 食品としての安全性を守る規制

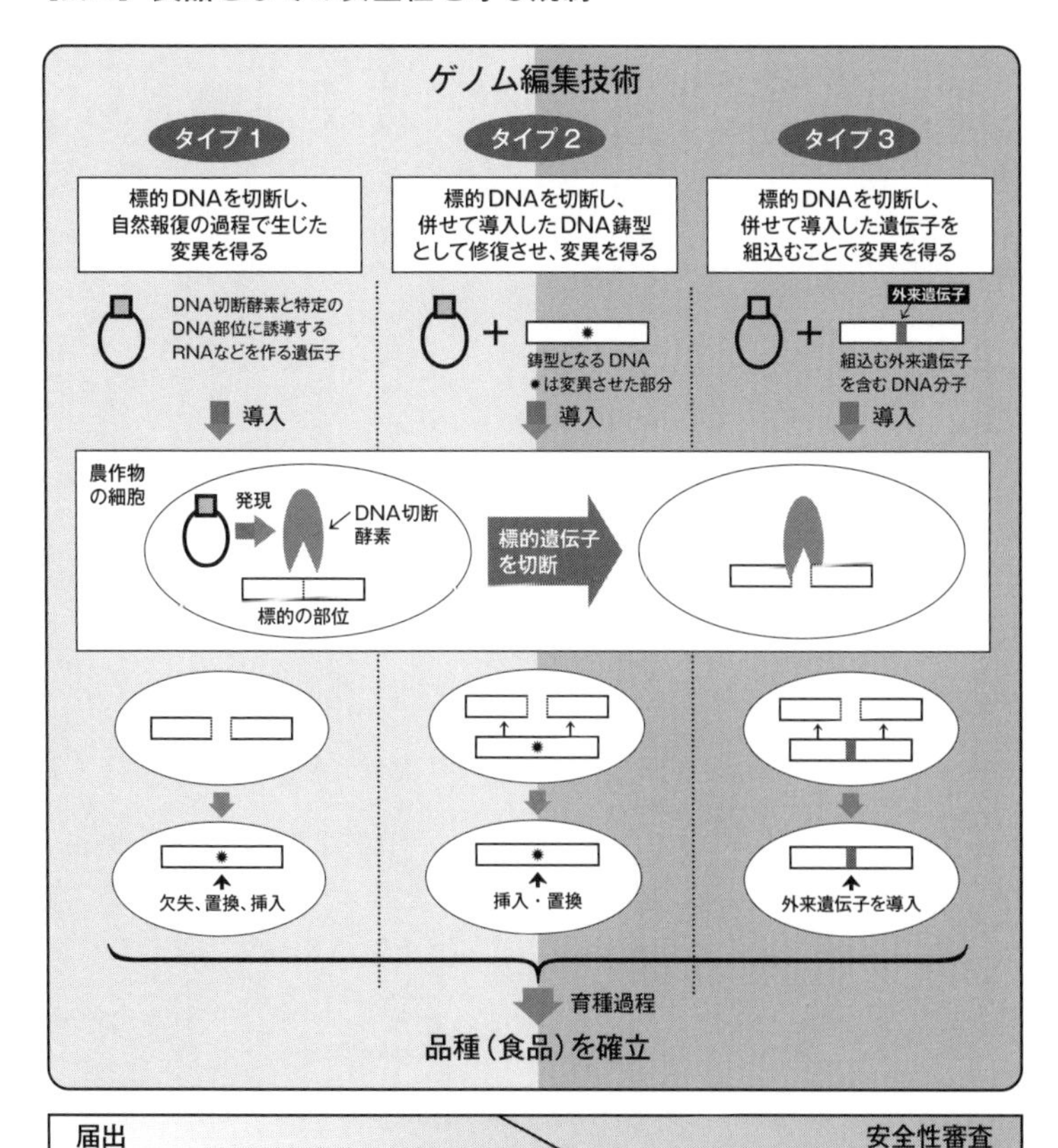


ゲノムの標的DNAを切断し、あとは自然にお任せのタイプ1は届出制。右端の外来遺伝子を導入するタイプ3は、遺伝子組換え食品と同様の安全性審査を行う。中間のタイプ2は、自然にも起こり得る塩基配列の導入であればタイプ1と同様の届出制となる

出典：厚労省資料

まず、タイプ1すべてとタイプ2のうち自然にも起こり得るものは、安全性審査を課さないことにしました。一方、タイプ2のうち、自然には起こり得ない塩基配列挿入に至るものと、タイプ3の遺伝子を挿入するものは、外から新たな遺伝子を挿入する「遺伝子組換え食品」として規制し、内閣府食品安全委員会による安全性審査を求めると決めました。外来の遺伝子や自然には起こり得ない塩基配列が挿入されているということは、新たなたんぱく質が作られ化学物質が生成する場合もあるからです。安全性が専門家によって審査されることになります。

## 届出制と言いながら事実上の審査がある

タイプ1と2の一部は安全性審査がないものの、開発した種苗企業がその品種の内容を「届出」することが求められるルールとなりました。企業は、ゲノム中のどの遺伝子を変異させ、塩基配列がどのように変わっているのか、外から新たな遺伝子が入り込んでいないか、第1章で説明したオフターゲット変異が起きていないか、ゲノム編集により新たなアレルゲンができてアレルギーを引き起こすようなことになっていないか、などを詳しく調べ問題がないことを確認しなければなりません。そのうえで、詳しい説明書類を厚労省に提出し、厚労省は企業の権利にかかわる部分を除きその内容を公表します。

届出制は任意の仕組みで、強制力はありません。そもそも、交配や突然変異などにより育種された既存の食品にはこうした届出の仕組みがありません。したがって、既存の食品と同等に安全と考えられるゲノム編集食品についてわざわざ、届出を義務化し情報の公表を求める根拠がなく、厚労省も任意の届出制度にせざるを得ませんでした。

とはいえ、種苗の開発者が勝手に「これはタイプ3ではなくタイプ1」などと判断して〝審査逃れ〟をするようになっては困るので、厚労省は事前相談の仕組みを設けました。どの種苗業者も、ゲノム編集により新品種を開発し販売を目指す際、厚労省にあらかじめ相談し、どのタイプか判断を仰いだうえで、その先の届出か安全性審査に進むというフローができました。

厚労省は事前相談や届出、安全性審査などのフローに従わない場合には、その情報を公表する場合もある、という通知を出しています。強制力はなく企業に任せるとしながら、社名公表という社会的制裁をちらつかせるという、なんともわかりにくい制度となりまし

[図11] ゲノム編集技術応用食品の取扱いフロー

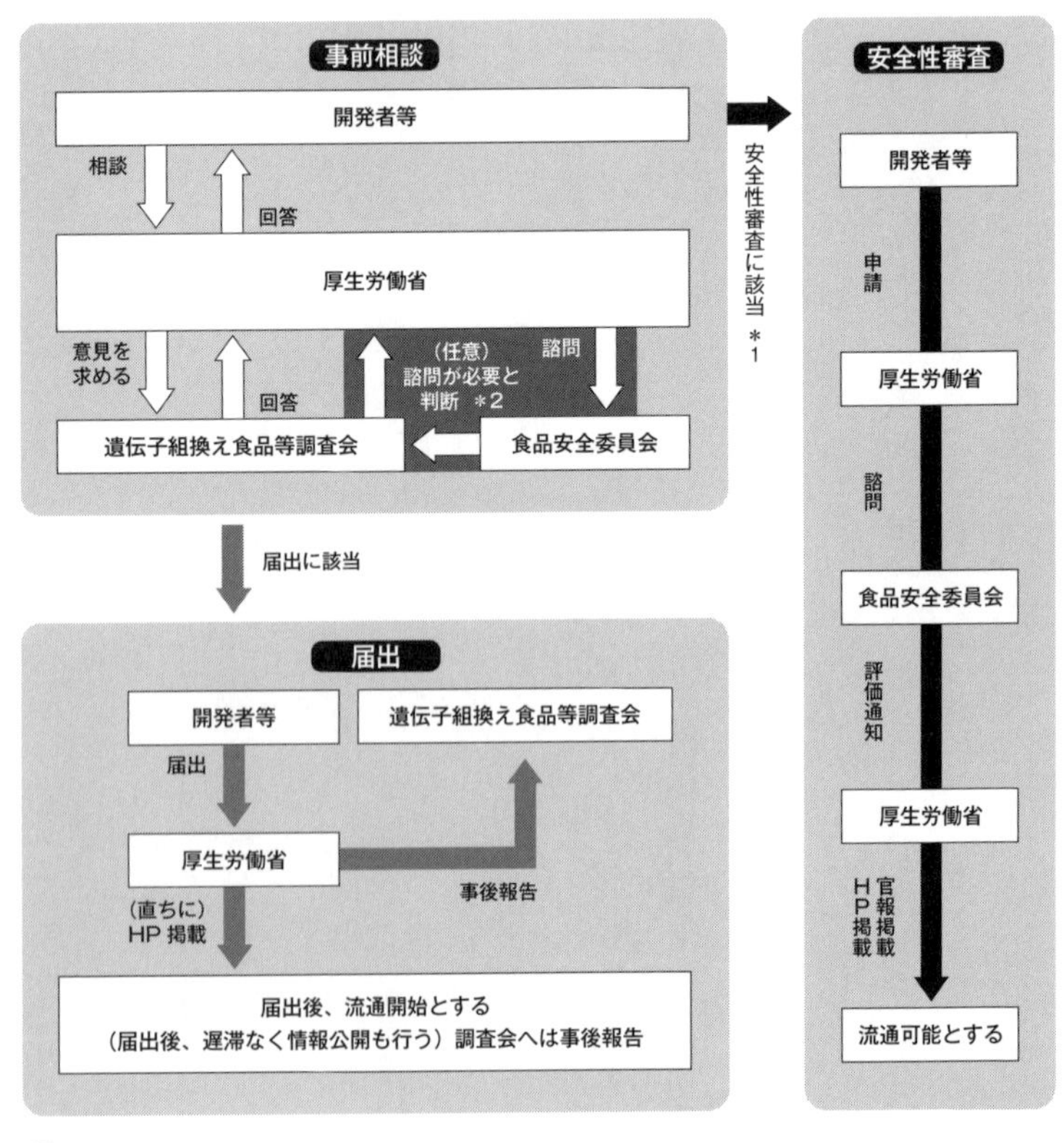


*1 組替え DNA 技術応用食品として、「安全性審査に該当」と判断された食品等については、平成 12 年厚生省告示第 233 号を準用

*2 新食品及び新技術については、必要に応じて食品安全委員会へ諮問し、その取扱い等について新開発食品調査部会で決定

出典:厚労省資料

た。

背景には、科学的な問題が潜んでいます。届出制となるタイプ1と2の一部に該当する品種は、既存の育種法による品種と科学的な識別ができないのです。遺伝子組換え食品の場合には、外から新しい遺伝子が導入され残っており、分析で「遺伝子組換えである」と識別できます。しかし、ゲノム編集食品で遺伝子組換えに該当しないものの場合、「ゲノム編集である」という〝しるし〟がゲノムにありません。

それゆえに、既存の食品と同等に安全、とされているのですが、それゆえに、科学的には区別ができず、違反の取締りは不可能です。

したがって、お願いベースの制度を作り、「しかし、バレたら企業の信頼を失うぞ」と脅かす、というまことに日本的な解決法となったのです。

この制度により、事前相談と言いながら専門家が検討する、事実上の審査に近い仕組みができました。こんなことをゲノム編集食品にだけ求めるのはおかしい、という意見は種苗関係者の間では強くあります。私も不公平だなあ、と感じます。

一方で、制度は科学だけで決まるものではなく、人々の不安を鎮める仕組みも必要です。ゲノム編集食品は人工的と受け止められたり遺伝子組換えと混同されたりしているので、厚労省は届出制度が必要と判断した理由の一つとして、「消費者の不安に配慮」を挙げています。

「ゲノム編集食品は従来の食品と同等に安全」と説明する中島・明治大学教授も「だから、従来の品種と同様に企業任せでよい」とは言いません。「新技術はトレースできるようにしておくのが重要」と指摘します。

中島教授は内閣府安全委員会で、数々の遺伝子組換え品種や微生物の安全性審査にもかかわってきました。食品はリスクゼロではないため、「ジャガイモや野菜などの高温加熱で実は発がん物質が生成していることが判明！」というようなことが今後、ゲノム編集食品で起きない、とは言い切れません。ジャガイモや野菜を食べ始めた人たちの責任を、今さら追及することはできませんが、今は時代が違います。リスク管理が高度化してきた現代社会においては、新技術を社会に導入する際の責任を明確にしておき、なにかあったら対処し原因もすばやく追及する、という態勢を整えておく必要がある、と中島教授は話します。

人は本来、新しいもの、人工的なものに対する不安を強く持ちます。そのことは、心理学や行動経済学研究などからわかっています。その結果、「だから新技術は使わない」となっては、社会の進歩も人類の発展もありません。したがって、だれの責任かを明確にし、すぐに対処できるように準備し安心感を高めたうえで新技術を導入することも重要です。

## 環境影響も農水省、環境省が検討

ゲノム編集された作物などを飼料として用いる場合の安全性については、食品としての安全性の規制によく似たやり方で安全を守る仕組みとなっています。現在商用化が進むタイプ1（SDN－1）により開発された飼料は届出制を、タイプ2（SDN－2）とタイプ3（SDN－3）は、遺伝子組換え飼料とみなして安全性審査を課します。そしてまずは、農水省との事前相談を求める仕組みです。

栽培・飼育などをする際の他の生物への影響については、環境省や農水省が規制します。この場合も、タイプ1（SDN－1）については、情報を国に提供し、タイプ2と3は審査を行う仕組みです。開発した種苗企業は、どこの遺伝子が変異しているのか、ほかの性質に変化がないか、外来の遺伝子などが入っていないか、生物多様性に影響しないかなどを実験や調査などによって確認し、国に伝えなければなりません。

食品や飼料、環境影響いずれについても、求められる資料は複雑膨大で、しっかりとした実験結果と科学的根拠が求められています。机上の書類作りで簡単にこなせるようなものではなく、開発する種苗企業の負担はかなり大きい、と思われます。が、国内の関係者を取材する限り、「これぐらい念には念を入れた検討をしておかないと、市民・消費者の理解を得られないだろうから仕方がない」と覚悟している業者が多く、業界団体である日本種苗協会からも異論は出ていません。

ただし、懸念があります。国内の種苗企業はこの制度に則って新品種を開発するでしょうが、海外の種苗開発者や食品関係者らが、日本の制度に従ってくれる、という保証はありません。アメリカの種苗開発者は業界団体などにおける申し合わせにより、日本の制度に従う、という姿勢を示しています。日米はこれまでの長い輸出入の歴史の中で、それぞれの国の規制を尊重することがトラブル回避に有益であることを知っています。

しかし、今後はアジアやアフリカなど各国でゲノム編集による育種が急ピッチで進むはず。その国で作られる食品にゲノム編集により育種されたものが混じり、そのまま事前相談や届出もなく日本に輸入される、というケースが出てこないとは限りません。

なにせ食品を調べても、それがタイプ1（SDN－1）のゲノム編集食品であれば、ゲノム編集であるかどうかの区別は無理です。取締りは容易ではありません。

よく、「事前相談や届出の仕組みなど手ぬるい。なぜ国は義務化しなかったのか」という批判がありますが、義務化したところで区別ができず監視ができない、という状況はまったく変わりません。ゲノム編集食品は科学の進歩の成果ですが、その代わりに監視チェックが難しい、という悩ましい存在でもあるのもたしかです。

## 角のない牛が示した課題

現在商用化に向けた開発が進むゲノム編集食品は、従来の育種でも時間をかければできるものであること、そのため安全性は従来食品と同等と考えられていることを説明しました。だから、まったく心配しなくてよいですよ、と言いたいところですが、そう簡単には言い切れず開発におけるミスも起こり得る、ということが2019年、判明しました。

ゲノム編集によって角がなくなった乳牛に、入っていてはならない外来遺伝子が残っていることがわかったのです。アメリカの食品医薬品局（ＦＤＡ）によって明らかにされました。

角のない乳牛は、アメリカの民間企業と農業研究で世界屈指の研究開発力を誇るカリフォルニア大デービス校などが共同しました。人為的に角をなくすなんて不自然、とんでもない、という印象を受ける人もいるでしょう。しかし、角は、ほかの牛や飼育者を傷つけることがあり危険なため、乳牛の飼育時には通常、切り取られます。牛は切断時にとても痛がり、暴れることもあるそうです。ゲノム編集により最初から角を持たない牛を開発すれば、牛に痛みはなく「動物福祉」に貢献し、角を切る作業者の安全も確保できます。ゲノム編集による作出はうまくゆき、２０１６年に論文としても発表され、高く評価されました。

ところが3年後、ＦＤＡはこの牛のゲノムに微生物由来の抗生物質耐性遺伝子が入り込んでいたと論文発表したのです。外来遺伝子がないことを確認済みのはずだったのに、見つかりました。

実験でミスがあり、入り込んだようです。開発企業によれば、この牛は商用化を目指したものではなく、あくまでも実験的に開発されたもの。それに、抗生物質耐性遺伝子を牛の体内で働かせるのに必要なスイッチの役割を果たす塩基配列がないため、遺伝子はあっても働かず、牛の生育や乳、肉の安全性には問題がありません。

しかし、規制上は問題です。仮にこの牛の肉が主に日本に輸入され食用になるのなら、「遺伝子組換え」として安全性評価をしなければなりません。ところが、企業の検証が甘く「残っていない」として報告すれば、そのまま国も見過ごしてしまいかねないのです。

従来の育種法では、微生物由来の抗生物質耐性遺伝子が入り込む、というようなミスは起こり得ません。これは、実験室で非常に精密で高度な作業を要求されるゲノム編集という技術ゆえに起きる事故です。したがって、「やはりゲノム編集は、従来の育種法とは異なる。開発企業による届出だけでは足りない。第三者による確認チェックが必要だ」という意見も出てきています。一方で、科学者の間では「この牛は初期のゲノム編集技術により作られたもの。現在は方法が異なるし、ゲノム編集後のチェック方法も進歩している。このような稚拙なミスは、今後は起きない」という意見もあります。

ゲノム編集はすさまじいスピードで進化して行く技術であるがゆえに、こうした課題もあらわになるのです。この事例を知り、「やっぱり実験室での操作なんてダメ。ゲノム編集も遺伝子組換えも禁止だ」という意見に傾く人もいるでしょう。

一方で、従来からの方法である突然変異育種も、種子に強い放射線を当てたり化学物質を溶かした薬液で処理することにより塩基配列が変わり、抗生物質耐性遺伝子が偶然できていたり、毒性物質を作り出したりしているかもしれません。でも、ゲノムの遺伝情報がどう変わったのか、厳密に調べなさい、と種苗企業に義務づけられているわけではありません。したがって、私たちはこれまで、こうした品種を食べてきたかもしれないのです。

両方を考えると、ゲノム編集食品をどう扱ったらよいのか、非常に難しい選択を迫られていることがおわかりいただけることでしょう。ＦＤＡの論文を受け、世界各国の研究者が外来の遺伝子の有無をより簡単に調べられる方法を開発しようと努力しています。日本でも、内閣府の戦略的イノベーション創造プログラム（ＳＩＰ）の研究で新しい検知法が開発されています。

問題点が見つかれば対策が講じられ、技術開発の確実性や安全性は高まります。一方で、問題が指摘されれば市民の「同じような問題がまた起きるのでは」という不安も生じます。進化を続ける新技術は大きなジレンマを抱えています。

## 表示を義務化できない本当の理由

角のない牛の問題点などを知ると、せめて購入する時にはゲノム編集食品であるのかないのか区別できるようにしてほしい、という気持ちが高まります。気にしない人は食べればいい。しかし、イヤな人はゲノム編集食品を避けられるようにすべきではないか？　当然の要望です。

しかし、「ゲノム編集食品である場合には食品の容器包装へ必ず書く」という表示義務化を検討した消費者庁は結局、見送りました。事業者が自主的に「ゲノム編集である」とか「ゲノム編集でない」と表示するのは可能、としました。マスメディアは批判的に報じましたが、義務化できなかったのには理由があります。

決定的なポイントは、現在実用化研究が進んでいるゲノム編集食品は、第三者がいくら分析しても従来食品と区別ができない、という事実です。

開発した種苗企業は、その品種にかんするさまざまな遺伝情報を得ているので、区別できます。しかし、その情報の公開はできません。なぜならば、そうした細かい遺伝情報こそがその品種のほかにはない特徴であり、最大の企業秘密だからです。そのため、第三者はその食品がゲノム編集されたものかどうか、科学的には確認できないのです。

現在の食品表示法の下では、表示の真正性に責任を持つのは末端で食品をパッケージに入れて売る業者。もし義務化されたら、彼らもゲノム編集であるかどうか科学的に確認できないまま表示しなければならず、間違えたら法律違反で罰則を科されます。あまりにも酷な話です。それに、国も食品を分析してゲノム編集食品であるかないかを科学的に判別するのは不可能。表示違反の監視ができません。

ならば、書類でゲノム編集であるかないかを保証すればよいではないか。種苗の開発業者が「ゲノム編集である」と種子や苗を保証し、書類でずっと受け渡して行けば表示は可能……。

そんなやり方を「社会的検証」と呼びます。表示を義務化すれば、農家や卸業者などの流通、中間原料を製造するメーカーや最終製品を作るメーカーなど、すべての関係者が書類を正確に伝達する必要がありますし、途中段階の混ぜ物などはもってのほか、という倫理も持つ必要があります。

それは可能か？　コストはいかほどか？　その実行可能性を考え、図を見ていただけれ

［図12］ 食品の一般的な生産・流通ルートと社会的検証

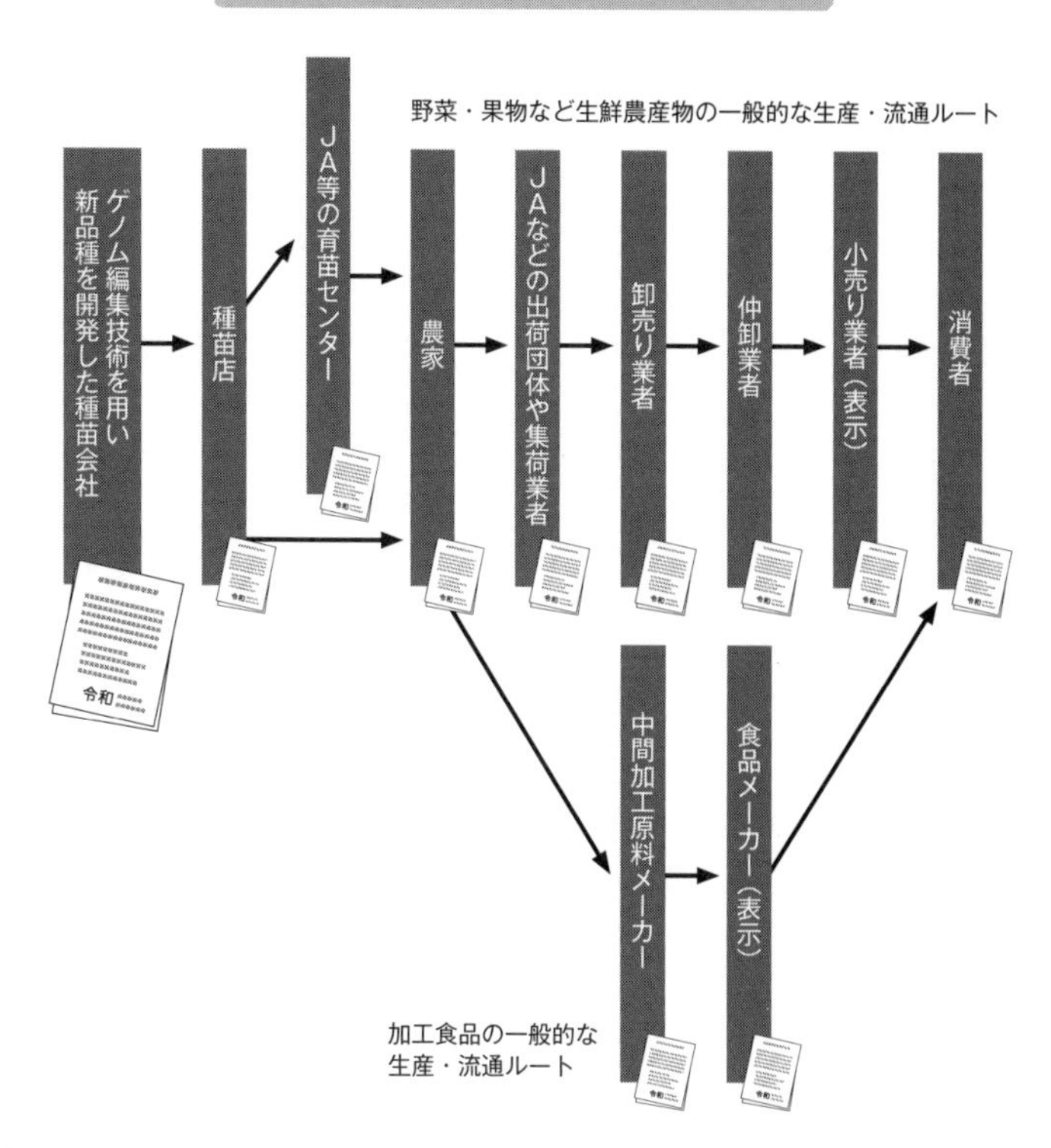


遺伝子組換え食品流通の商習慣に倣えば、各段階で「ゲノム編集食品かそうでないか、あるいは分別していないか」を書類により保証することになる。遺伝子組換え食品は、各段階の業者が科学的に検証することが可能だが、ゲノム編集食品は分析しても区別できない。そのため、途中で意図的に別の品種を混入されたり、ミスによる混入が起きたとしても、下流の業者は見つけることができず、実態と異なる書類の受け渡しを行うことになる

ば、すべての事業者への義務化など自ずと無理、とわかります。「不安な消費者のために義務表示を」というのは、あまりにもきれいごと、絵空事なのです。

したがって、表示したい事業者だけがかなりのコストをかけて実行し、ほしい消費者がそれなりの価格で買う、という自主的な表示制度となりました。

## 届出第1号は高GABAトマトになる

ゲノム編集食品届出の第1号は、第2章でご紹介した高GABAトマトになる、とみられています。2020年度には届出が済むことでしょう。国内では研究がもっとも進んでおり、外来の遺伝子が残っていないこと、ゲノム編集により含まれる栄養成分に変化が起きていないことなども確認が終わっています。

厚労省も、これを第1号にして情報も公開することで、「厳しく、かつ、透明性の高い制度ができた」と開発事業者や消費者に印象づけ、続く事前相談や届出などをスムーズに進めてゆきたいのです。

[図13] 高GABAトマト

ゲノム編集技術により開発された高GABAトマト（F1系統）。筑波大学研究チームは現在、市販品種をゲノム編集技術により改良したトマトを開発中

写真提供：筑波大学・江面浩教授

ただし、高GABAトマトの店頭への登場はまだ先。筑波大学研究チームの江面浩教授によれば、届出がスムーズに進んだとしても、農家での栽培は２０２０年秋から。その段階でも種子が少ないので、店頭に並べられるほどの数は収穫できないそうです。タネとりをして、翌21年秋から栽培して、スムーズに進めば22年初めに店頭にお目見えするかも、というスケジュール感です。

## ＥＵは審査基準が決まらず膠着状態

日本の規制は緩すぎる、という批判があります。対比されるのはＥＵです。

ＥＵでは、ゲノム編集技術によってできた生物は、遺伝子組換え生物として扱われることになっています。欧州司法裁判所が２０１８年７月、突然変異誘発に由来する生物はすべて遺伝子組換え生物であり、遺伝子組換えを規制する法律ＧＭＯ指令の法的義務を負う、と裁定を下したのです。

ＧＭＯ指令は、遺伝子組換えの商用化に伴い２００１年に法律ができました。それ以前に技術が用いられた「突然変異育種」、つまり化学物質や強い放射線などによってゲノムに変異を引き起こすやり方は対象外。しかし、２００１年より後に開発された突然変異による生物は、法律の対象とします。ゲノム編集による生物は、ここまで説明してきたように、ゲノムの特定の場所を切って変異を引き起こすため、「突然変異誘発に由来する生物」に該当し、なおかつごく最近、開発されたものなので、ＧＭＯ指令の対象というわけです。

日本では、安全性審査が必要ではなく届出をするように定められたタイプ１(SDN－1)も、ＥＵでは遺伝子組換え食品と同様に安全性審査が必要、ということになりました。

ゲノム編集食品に反対してきた市民団体などは勝利宣言し、マスメディアでも大々的に報道されました。

しかし、ＥＵはゲノム編集食品を危険とみなして拒否した、というストーリーは勘違い。海外の遺伝子組換えやゲノム編集技術の規制について研究している立川雅司・名古屋大学教授は「安全性について検討のうえで決定したものではない」と指摘します。ＧＭＯ指令の条文をどう解釈できるか、という検討により導き出された結論だというのです。

立川教授は「ＧＭＯ指令は20年前にできたもので、当時はゲノム編集技術をまったく想定していませんでした。したがって、新技術の登場により法令の見直しが必要なのだ、と私は考えますが、それは行われていません」と語ります。

その結果、ＥＵはゲノム編集による育種の研究開発も、規制をどのようにするかの議論もまったく進まなくなり膠着状態に陥りました。日本が決めたような国への情報提供や審査の基準などが決まらないのです。ＥＵの研究者たちが、荷物をまとめてアメリカや南米、中国へ行った、という話も、立川教授は聞いているそうです。

ゲノム編集技術が育種において大きなメリットがあるというのは、ほとんどの科学者が一致するところです。ＥＵの技術の空洞化につながらないか？　今後、食料増産や気候変動対策に向けてますます育種のスピードアップが求められる中で、ＥＵはどうするのか？

欧州司法裁判所の裁定に対するEUの科学者や産業界の反発は強く、2019年7月にもEUの117の研究機関が合同で、規制を近代化してほしい、とする見解を表明しています。

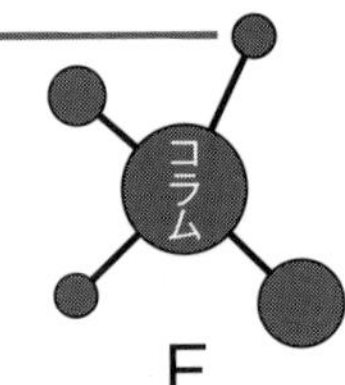


## EUは遺伝子組換えを禁止しているわけではない

EUは、遺伝子組換えに厳しく、禁止している。だからゲノム編集に対しても厳しい……というイメージが世間にはあるようです。しかし、加盟国が一律に遺伝子組換え食品を禁止しているわけではありません。

加盟各国はGMO指令に基づき、欧州食品安全機関(EFSA)が承認した作物について、国ごとに栽培を認めるかどうか、決めています。そのため、スペインとポルトガルの一部では、遺伝子組換えトウモロコシが栽培されています。生産量の多いスペインでは、トウモロコシ栽培の約3割を遺伝子組換え品種が占めており、すべて家畜の飼料になっています。

ほかの国でも、飼料としては遺伝子組換え品種を輸入し、利用しています。もし、EUの人たちが本当に遺伝子組換え作物を危険と思っているのなら、飼料としても許容できないはずです。ところが、栽培はしたくなくても、飼料としてはほしいのです。大豆から油を搾った後のかすである大豆ミールや大豆そのものが北米や南米から輸入されており、その量は、EU全体で年間3000万トンに上ります。大豆は、世界の栽培の8割が遺伝子組換え品種なので、EUに輸入されているものの多くも遺伝子組換えです。

EUでは、遺伝子組換え原料を使用した食品の容器包装には表示が必要ですが、飼料として食べた家畜の肉については遺伝子組換えの表示をしなくてよいので、EUの多くの人は意識せずに食べています。EUは、予防原則に則って遺伝子組換えを拒否している、と市民団体などが主張しますが、現実は異なるのです。

私が2018年にスペインの農務省幹部にインタビューした時には、幹部は遺伝子組換え技術を積極的に評価し、よい品種が開発されEFSAが承認すればさらに栽培できるようになる、と期待を述べました。また、イギリス政府は遺伝子組換え技術を用いた育種も重視しており、ボリス・ジョンソン首相は、遺伝子組換え食品をはじめとするアメリカ産食品への市民の反発について、「ヒステリックなものだ。科学的に検討すべきで迷信に惑わされるべきではない」と指摘しています。

## アメリカやEUに先んじた規制の枠組み

アメリカでは現在のところ、ゲノム編集により改良された作物と動物で取扱いが異なります。作物については農務省（USDA）が方向性を示しており、ゲノム編集作物のうち、ゲノムの狙った部位を切り塩基が欠失したり置換したりしたもので外来遺伝子が残存しておらず植物病害のリスクとならない場合、つまり、日本のタイプ1（SDN－1）は、規制対象外となります。

日本は国への届出や情報提供を求めますが、アメリカも、事業者が自らUSDAに情報を提供し規制対象になるかならないかを判断してもらう、という仕組みを利用するように推奨されてきました。ＵＳＤＡに情報提供された事例は20件以上ありましたが、大学などからの届出が多く、商品化が公表されているのは第2章で紹介したオレイン酸の含有量が多い大豆1品種のみです。２０２０年夏からは新しいルールとなり、ＵＳＤＡが企業の申請を受けて規制対象外であるとの公式回答書を発行したり、審査を行ったうえで許可を出したりする制度ができました。

食品医薬品局（ＦＤＡ）も、作物については開発企業が自主的に諮問してきた場合、安全性の確認を行っています。

一方、肉や乳製品などになるゲノム編集動物は、ＦＤＡが遺伝子組換え生物として規制する方針案を打ち出しています。角のない牛に外から遺伝子が入ってしまっていた問題をＦＤＡが指摘したこともあり、ＦＤＡの幹部は市販前の審査が必要、と主張しています。

これに対して、多くの科学者や産業界が政府に規制見直しを求める署名活動を展開しています。ゲノム編集だから規制すべし、ではなく、ゲノム編集の結果、起きた変化に注目し、ケースバイケースでリスクを評価し判断するべきだ、という主張です。角のない牛に外来遺伝子があるという論文を掲載した学術誌ネイチャーバイオテクノロジーの論説も、

### ［表2］ ゲノム編集食品・日本における政策検討の経緯

| | |
|---|---|
| 2011年12月 | 鎌田博・筑波大教授主催の植物における新たな育種技術（NPBT）情報交換会 |
| 2012年5月 | 日本学術会議においてシンポジウム |
| 2012年秋頃 | 新しい育種技術（ＮＢＴ）に関する農水省内検討が開始 |
| 2013年1月 | デュポン社の種子生産技術に対する厚労省判断 |
| 2013年10月 | 農水省「新たな育種技術研究会」開始（２０１５年９月に報告書公表） |
| 2014年2月 | 日本提案により経済協力開発機構でＮＢＴワークショップ |
| 2014年8月 | 日本学術会議報告公表 |
| 2014年度～ | 国の研究予算開始（戦略的イノベーション創造プログラムＳＩＰ第1期・14年度-18年度／ＳＩＰ第2期・19年度～／ＪＳＴ-産学共創プラットフォーム共同研究推進プログラムＯＰＥＲＡ・16年～） |
| 2015年12月 | 日本ゲノム編集学会設立 |
| 2018年6月 | 統合イノベーション戦略（閣議決定） |
| 2018年度 | 環境省中央環境審議会、厚労省薬事・食品衛生審議会で検討開始 |
| 2019年6月 | バイオ戦略２０１９決定 |
| 2019年度 | 関係省庁の方針決定（環境省2月、厚労省9月、消費者庁9月、農水省10月） |

出典：立川雅司・名古屋大学教授作成

「安全性の問題を引き起こすものでないことは明らか。従来からの育種でも意図していない自然の変異が多数起きており問題は起きていない。過剰規制は経済的にも筋が通らない。審査方針は見直すべきだ」と批判しています。

アメリカでも、科学的な安全と一般市民の意識のずれの間で、行政が右往左往しているようです。ネイチャーバイオテクノロジーの論説は、「遺伝子改変動物の分野は関係企業が少なく、反遺伝子組換え、有機食品推進のロビー活動が強い。市民の感情は、ノスタルジックにビクトリア朝の農業に回帰している。医療分野ではそんなことはないのに」と述べ、大衆におもねっているように見えるＦＤＡの姿勢を痛烈に批判しています。

日本が、ＥＵやアメリカに先んじて規制の枠組みを決めるのは、実は食の問題に関しては非常に珍しいことです。しかも、立川教授によれば日本は日進月歩で進んでゆくこの科学技術に対応し、２０１１年から日本学術会議などで議論を続けてきました。

規制の決定は、責任の所在を明らかにする、ということでもあります。私は、ＥＵやアメリカに先駆けて国の関与、責任を明確にしたことは褒められてよい、と思いますが、市民団体は「拙速に規制を決めた、議論が足りない」と主張します。コミュニケーションはかくも難しいものなのです。

# 第4章

# ポストコロナで進む食の技術革新

ゲノム編集食品には第1章で述べたように、育種のスピードアップやコスト削減などメリットがあります。しかし、まだ実用化された品種がほとんどない中で、これほどまでに注目が集まる背景には、地球の食をめぐる三つの危機的状況があります。①急激な人口増加により求められる食料増産、②温暖化対策、③新型コロナウイルス問題で激変する生産と流通、消費です。

①と②はこの10年ほど、指摘され続けてきた項目ですが、③の新型コロナウイルス問題は2019年末から急浮上し現在進行中。①と②も絡んで、フードセキュリティの量も質も大きな変化を迫られています。

## 食料増産待ったなし

現在、世界の人口は78億人。2050年には90億〜100億人に達すると予測されています。大量の食料が必要で、作物の単位面積あたりの収量増や品質向上は喫緊の課題です。人類の食の歴史は長年、飢餓との闘いでした。大きな転機となったのは20世紀初頭の窒素化学肥料の発明。空気中の窒素ガスからアンモニアを合成するハーバーボッシュ法が1906年に開発考案され、13年から化学肥料としての市販が始まり、土壌に豊富に窒素分を供給できるようになりました。窒素は、炭素、水素、酸素と共にアミノ酸、たんぱく質の主要構成元素です。これを潤沢に植物に供給できるようになって、食料生産が上昇し始めました。

ほぼ同時期に、育種も急速に進み始めました。メンデルの法則が仮説として提案されたのが1865年。そのまま埋もれてしまい1900年に再発見されて、おしべとめしべを掛け合わせる交配育種による新品種開発が加速しました。

第二次世界大戦後には、窒素化学肥料が一般にも普及し始め、それに伴って化学肥料に適した品種が強く求められるようになりました。従来の品種は、少ない養分に適合しそれを最大限に活かして育つもの。その品種に化学肥料を豊富に与えるとすくすくと伸びすぎて収穫期には倒れてしまい、収量増に結びつきません。

そのため、草丈は短くなるけれども穂はしっかりと実るという育種が行われ、化学肥料を最大限に活かす新品種が作られました。灌漑設備や農薬の普及も手伝い、収量は飛躍的に上がり食料生産が急速に増加し、飢える人が減り人口増にもつながってゆきました。これが、「緑の革命」です。

また、F1品種も本格化しました。二つの系統を掛け合わせてとれる雑種の種子ですが、雑種強勢という性質により、双親以上に優良で均一な性質の収穫物が得られます。1920年頃に編み出された育種法ですが、こちらも戦後に普及したのです。

こうして1950年ごろから単位面積あたりの収量が急増したことが図14から見て取れます。ただし、化学肥料の大量使用につながり、作物に利用されずに環境中に拡散してしまう肥料成分が増え、環境汚染を引き起こしました。農薬、水などの使いすぎも招きました。

90年代ごろには、農業開発が進んだ先進国では行きすぎた緑の革命に対する反省を踏まえ、化学肥料や農薬などの使用抑制が顕著になってゆきます。とはいえ、開発途上国では人口増加は著しく、食料増産は必須の課題。そのため、環境影響を小さくしつつ食料増産を目指すという難題が、農業に課せられるようになったのです。

アジアの主食である米の育種をリードする国際イネ研究所(IRRI)は、2004年の国際イネ年に報告書を公表し、環境への悪影響が極力小さくなる品種と稲作技術の開発へと舵を切ることを公表しました。イネに限らずすべての作物において、少ない養分や水

［図14］ 単位面積あたりの収量（アメリカ）

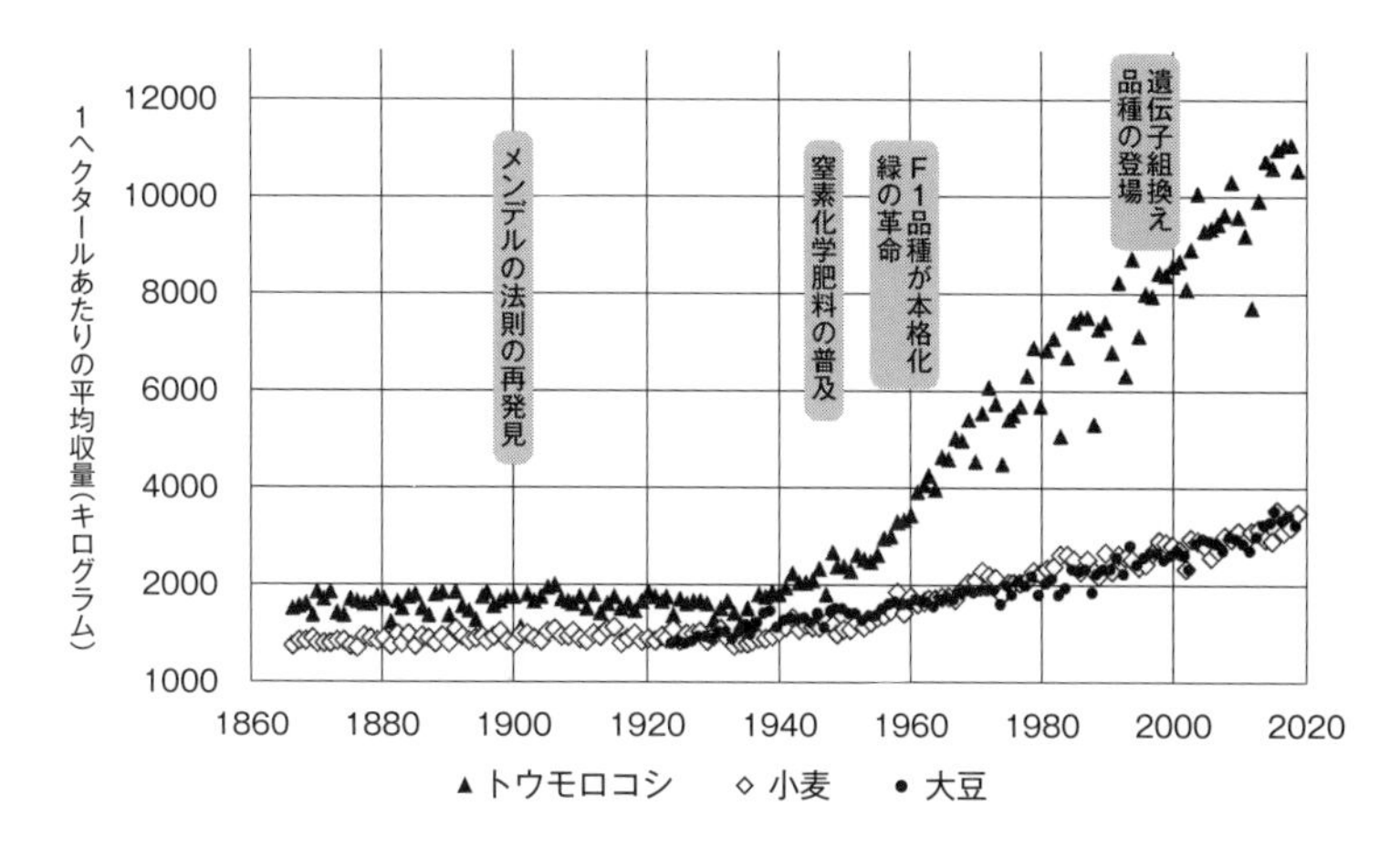


アメリカのトウモロコシ、小麦、大豆の単位面積あたりの収量の推移。窒素化学肥料の普及や、F1品種、遺伝子組換え品種の導入などが大きな契機となり、約150年で収量が4〜7倍に増えた

出典：アメリカ農務省資料

などを効果的に用い、なおかつ昔と異なり収量の高い品種、農薬を用いなくても栽培できるように病気に強く、しかもおいしくて高収量の品種など、非常に精緻な育種が求められるようになりました。

それに対する一つの回答が、第1章でも少し触れた遺伝子組換え品種であった、と私は思います。遺伝子組換え品種は農薬の使用量を低減するなど環境負荷低減に効果がある、と評価されています。21世紀に入ってからは遺伝子組換え技術を用い、トウモロコシの遺伝子をイネに導入して光合成能を上げて収量増を目指したり、窒素成分の利用効率の高いイネを開発したり、干ばつ耐性、耐塩性など、さまざまな性質を強化した育種が盛んに行われるようになりました。

ただし、遺伝子組換えに対しては多くの国で抵抗感が強く（第5章で詳しく解説します）、商用栽培に至りにくいのもたしか。そのため、目的の遺伝子のみを効果的に変異させ、短時間、低コストで新品種を生み出せるゲノム編集技術が新たな緑の革命につながる、と期待されているのです。

## 温暖化で求められる新品種の開発

地球温暖化による気候変動は既に、食料生産に大きな影響を与えています。大気中の二酸化炭素やメタン、亜酸化窒素（一酸化二窒素）など温室効果ガスが増え、気温が上昇し地球の気候が変わってきています。とくに、18世紀の産業革命以降、化石燃料を大量に使用しエネルギーとして利用したために、二酸化炭素の排出量が著しく増えており、現在の空気中の二酸化炭素濃度は、18世紀半ばに始まった産業革命以前と比べて47%も増加しています。気候変動に関する政府間パネル（ＩＰＣＣ）の第五次報告書によれば、21世紀末には地球の平均気温は０・３～４・８℃上昇すると予測されています。

日本の食料生産の現場では、高温障害が顕著になってきています。たとえば、未熟米と呼ばれる白っぽい米が目立つように。国立研究開発法人農研機構によれば、イネは気温が現在よりも２℃上昇するまでは全国的に収量が増加傾向。しかし、３℃を超えると北海道・東北では収量を維持できますが、そのほかの地域は軒並み低下します。それに、品質も大きく低下すると予測されています。暑さに強いイネでさえもこうなのです。ほかの穀物や野菜は対応できません。既に、みかんは「浮皮症」、ブドウは着色障害などに見舞われやすくなっています。

また、農業に深刻な被害を与える害虫や病原菌の増殖も、温度によって影響を受けます。「日本では越冬できなかった害虫が近年、越冬できるようになった」という報告が多数出ています。昔なら冬にほとんどの成虫が死に絶え、わずかに生き残った成虫から春、増殖がスタートしていたのが、温暖化によって一定数の成虫が生き残り、しかも温暖化によって春も早まりそこから虫が一気に増えるのです。作物に集まる害虫の数は以前とまったく異なり、被害甚大となります。

畜産への影響も小さくありません。家畜の熱中症も増えますし、意外なところでは、マダニやワクモが増えて家畜の血を吸ったり病気を媒介したりして、家畜の健康が損なわれています。

また、天災が増えているのも気がかりです。地球温暖化に伴い海水温が上昇し、より強い熱帯低気圧が発生しやすくなっています。

自然の気候変動自体は、これまでの地球の歴史の中でも起きていました。対応して農業のやり方や栽培する品目なども変わってきたとみられています。しかし、現在の地球温暖化が決定的に異なるのは、変化のスピードです。著しく速く温暖化が進んでいるため、栽培適地や病害虫の被害などもめまぐるしく変わってゆきます。そのスピードに合致した農業の変更が求められ、適した品種も変化します。そのため、育種のスピードアップが、強く求められています。

ここまで書いてきたのは、地球温暖化に適応策が必要な〝被害者〟としての農業。しかし、それだけではありません。農業には、〝加害者〟の面があり、地球温暖化を緩和する策も求められています。

どのように加害しているか？　ＩＰＣＣによれば、食料生産や加工流通、調理などの活動による温室効果ガスの排出量は、人為起源の総排出量の21～37％に相当します。農業からの排出の4割は牛のゲップ。メタンを排出しており、この量がばかになりません。また、稲作でも水田から温室効果ガスが発生しており、農業からの排出の10％を占めています。肥料からの排出量も39％に上ります。化学肥料からの排出を連想しがちですがむしろ、土を豊かにするために入れられる堆肥からの発生量が多くなっています。

森林は二酸化炭素の重要な吸収源であり、食料を増産しようとして切り開くと、この吸収源を失うことになります。ＩＰＣＣは「気候変動対策と食料安全保障は競合する」と指摘し、両者を調和するため、作物の収量向上や農法の改善、森林管理の変更、食品の廃棄の削減などを提案しています。

だからこそ、収量向上や農法の変化に合う新品種の開発に期待がかかり、ゲノム編集技術が非常に有用とみられるのです。これまで10年以上かかった育種が、どの遺伝子を変異させればよいかわかっていれば、わずか1年～1年半でできるのですから、うってつけです。日本学術会議が２０１７年に出した「気候変動に対応する育種学の課題と展開」でも、ゲノム編集は「今後広く展開すべき育種学の方法論となることが期待される」と記述されています。

## 新型コロナウイルスの影響は途上国で深刻

2020年の新型コロナウイルスのパンデミックは、序章で書いたように、世界のフードセキュリティに深刻な影響をもたらし始めています。食品を食べることによる新型コロナウイルス感染は確認されていません。しかし、生産や流通、分配に支障が出始めているのです。とくに、開発途上国は大きな打撃を受けると2020年9月の段階では予測されています。

世界の食料生産や消費、貿易のトレンドを分析してきたアメリカ・国際食糧政策研究所（IFPRI）が2020年7月、学術誌サイエンスに「新型コロナウイルス感染症が地球規模のフードセキュリティに及ぼすリスク」という記事を寄稿し、状況を総括しました。

パンデミックが、フードセキュリティの四つの柱に深刻な影響を与えているとしています。①入手可能性（availability＝食料が適切に供給されるか）、②アクセス（access＝人々が必要な食料を得られるのか)、③効果的な利用(utilization=人々は十分な栄養を得られるか)、④安定性(stability=人々はどんな時も食料を得られるのか)……です。先進国の人たちは余裕があります。しかし、開発途上国では多くの人々がより安く栄養価の低い食料へとシフトしている、と指摘しています。日本では見えにくい変化が世界で起きているのです。

先進国は、穀物については生産が大規模化し機械化が進んでいます。そのため、穀物生産自体は新型コロナの影響を大きくは受けていません。そのため、食料の量的確保という面では問題は出ていないのですが、野菜や果物など人手を要する作物については、生産に支障が出ています。新型コロナの感染拡大とそれを防ぐためのソーシャルディスタンスにより、植えつけや除草、収穫など「密」になる作業ができないのです。加えて、人手が足りません。従来であれば、途上国から大量の季節労働者が来て作業をしていましたが、新型コロナにより出稼ぎはストップ。そのために、収穫などが滞ってしまっています。

一方、途上国は作業の機械化が進んでおらず手作業に頼って穀物も栽培してきたため、新型コロナによる健康被害やソーシャルディスタンスによる作業不足の影響をもろに受け、食料生産が低下しています。さらに、多くの人たちが先進国への出稼ぎ収入を得られなくなっており、食料を買えなくなっています。

生産現場だけではなく、加工や流通などのサプライチェーンへの影響も大きくなっています。ここでも、密になる作業ができなくなり、人手不足の傾向が強まっています。働き手にとっては、著しい収入減につながります。

先進国では新型コロナの食料への影響は見えにくく、しかし、開発途上国では深刻な状況に陥りつつあります。ならば、豊かな国から貧しい国へ、食料供給、配分がスムーズに進めばよいのですが、貿易面での各国の思惑がフードセキュリティを脅かします。

IFPRIは、2008年から10年にかけての食料価格高騰に触れ、今回も同様の現象につながりかねない、と懸念しています。当時、人口増による穀物需要の増加、気候変動への不安、トウモロコシを原料とするバイオ燃料ブームなどが重なって食料不足への危機感が強まり、穀物市場が投機の対象となりました。その結果、トウモロコシ価格は約1・3倍、米は2倍以上に高騰しました。

新型コロナのパンデミックが始まった後、2020年3月から7月にかけて21カ国が食料の輸出規制を宣言しました。中心となったのはロシア（小麦、トウモロコシなど）、ウクライナ（ソバの実、小麦など）などで、アメリカや中国など主要生産国は輸出規制措置を講じませんでしたが、規制対象となった食品を合わせると、エネルギーベースで世界の食品貿易量の約4％に達しています。こうした流れが食料価格に影響を与えるのです。

ただし同年4月21日、G20の農業担当大臣がテレビ会議を行い、食料の囲い込みや価格の釣り上げなどを防ぐために協調し情報交換を重ねてゆくことを申し合わせました。幸いなことに、輸出規制をかけた多くの国がその後、規制を解除していますが、今後とも予断を許しません。

ＩＦＰＲＩが収入の低い国々の30万人の家計を解析したところ、貧しい人々は家庭の収入の25％以上を小麦や米、トウモロコシなどの穀物の購入に充てていました。一方、貧しくない家庭ではその割合は14％に止まりました。そして、貧しい家庭では家計費の50％近くが果物や野菜、動物性食品の購入に費やされていました。

そのため、貧しい人たちの家庭では今後、果物や野菜、肉や卵など栄養価の豊富な食品の購入が減り、炭水化物の多い穀物にシフトしてゆく、と予測されています。口にする食品の多様性は失われ、エネルギーが優先、ビタミンやミネラルなどの微量栄養素が不足し栄養の質が下がってゆく。そうなると、体の抵抗力が弱まり新型コロナウイルスに感染した場合に重症化のリスクが上がり、健康危機に直結します。食料安全保障を語る場合にはどうしても、穀物生産の動向や価格の変動に目を奪われがちですが、質の変化にも注目しなければならないのです。

また、先進国と途上国は、貿易や出稼ぎによる季節労働などにより密接につながっています。私自身も以前、取材で衝撃を受けたことがあります。10年近く前、アメリカ・カリフォルニア州の有機農場を視察した時のこと、説明してくれたのは白人女性で、農薬を使わずいかに環境によい生産をしているかをとうとうと語りました。しかし、実際に手を動かして作業していたのはラテン系の人たちばかり。後に、アメリカの有機農業は移民や季節労働者が支えている、と知りました。機械化が難しい部分を安い人件費で補えるからこそ、欧米で有機農業、オーガニック食品は「自然と協調している」とよいイメージを振りまくことができるのです。

ＩＦＰＲＩは、世界のフードセキュリティを脅かさないためにも、先進国が途上国を援助し、栽培や収穫、労働力の提供などがスムーズに進むように協調して対策を講じることが必要だと強調しています。

では、新型コロナの日本の食への影響は？　日本の食料自給率はエネルギーベースで38％（２０１９年度）ですが、前述のように主な穀物輸出国であるアメリカなどは機械化が進んで食料生産は安定しており、輸入が危うくなるというような事態にはなっていません。

しかし、農業や食品製造業での労働者不足は起きています。外国人労働者の入国が難しくなっているからです。日本の農業現場では、外国人が研修・技能実習生という名目で年間に1万人以上、食品の加工製造の現場でも1万人以上が働いてきました。この人手を日本人では補えません。

日本でも失業者が数多く出ているので回ってもらったらよい……。実際に、長野県のレタス栽培農家では、外国人の代わりに日本でほかの職を失った人たちが働いている、と報道されています。ただし、私は今後も外国人研修・技能実習生を受け入れずに日本人の労働力でやっていけるかどうかについては疑問を持っています。「高齢化の進む日本人ではできない仕事、まじめに取り組んでもらえない細かな作業を、若い意欲のある外国人がていねいにやってくれている」というのが私は近年、農業や食品加工製造のさまざまな現場で聞いてきた真実です。

# 育種で高める農と食のレジリエンス

新型コロナウイルスの起源はヒト以外の動物であろうと考えられています。WHOが専門家を中国へ派遣し調査を始めたと報じられましたが、動物からヒトへの感染経路は複雑であることが予想されており、解明には時間がかかるとみられています。

人類の歴史上、ほかの生物のウイルスがヒトに感染し悪影響を及ぼす、という事例は何度も起きてきました。しかし、これまでとまったく異なることがあります。現代は、グローバル化の進行により人や物が地球上を縦横無尽に猛スピードで動き回っており、流行が一気に拡大します。昔のように狭い地域の風土病として発生し、感染者が増えると共にウイルスも変異し、長い時間をかけて終息してゆく、というような経緯をたどれません。

新型コロナウイルスは、数年後には治療薬やワクチン開発などにより収束するかもしれません。しかし、今後も同じような新規の感染症の突然の大流行があることを想定して、人類はエネルギー供給や物質生産のシステムを再構築し、医療体制も整えておかなければならないでしょう。もちろん、さまざまな状況にしなやかに強靭に対応できるレジリエンスを持ったフードセキュリティの構築は必須の課題です。

その一つの鍵となるのが品種改良、すなわち育種です。ケニアにある国際ジャガイモセンターの研究者が学術誌フードセキュリティで2020年7月、論文を発表しました。新型コロナ禍において、人々の栄養不足を解消し生活を建て直す手段の一つとして育種に力を入れ、農業と食のシステムのレジリエンスを強化しようと呼びかける内容です。

彼らが注目するのは、とりにくい微量栄養素を強化した作物を育種によって作り出すこと。サプリメントとしてとったり、食品の加工時にビタミンやミネラル分などを添加したりして強化するのではなく、栄養素をより多く含む品種を作り出すのです。

飢餓というとエネルギー不足で痩せ細った人たちの姿を想像しますが、実は必要とするべき微量栄養素をとれない問題があり、〝隠れた飢餓〟と呼ばれています。問題を解決しようと、栄養素が強化された小麦粉や食用油、砂糖などが既に流通しており一定の効果を上げています。が、こうした加工食品の生産管理は簡単なことではありません。純度の高いビタミンやミネラルなどの栄養素を、添加するまで変質しないように保管しておかなければならず、安全管理も必要。開発途上国では簡単なことではなく、新型コロナウイルスのパンデミックのような事態となれば、こうした加工食品の生産や流通は大きく滞るおそれもあります。

しかし、育種段階で栄養素を含む作物を開発できれば、こうしたトラブルを回避できます。栄養素は作物の中では安定しており、冷蔵保管などをする必要がありません。

国際ジャガイモセンターの研究者は論文の中で、既存の育種により既に11の主要作物で350の栄養強化品種が作られ流通が始まっていることを伝えています。ビタミンAが強化されたトウモロコシや鉄を多く含む豆、亜鉛が強化された米やトウモロコシ、小麦などがあり実績を上げています。こうした栄養強化作物をさらに多様に増やして行くことで、隠れた飢餓にむしばまれる途上国の人々を健康にし、免疫系を強化し、パンデミックに立ち向かう力を培うのです。

論文は、穀物に比べれば収穫までの時間が短くしかも収量が高いジャガイモやサツマイモが、アフリカでこれまでの自然災害後の社会の復旧に役立ってきたことにも触れています。モザンビークでは、サツマイモの3分の1はビタミンAを多く作る品種になっているとのこと。つまり、地域の自然環境に沿った作物や、栄養強化など消費の需要に的確に対応した品種を、こまめに多種類開発してゆくイノベーションが、コロナ禍後のフードシステムの構築につながる、というのです。

地球規模のパンデミックだからこそ、ローカルな状況に対応できるさまざまな品種や技術を開発し、多様性（ダイバーシティ）とレジリエンスを高め対抗してゆく、という指摘にはなるほど、とうならされました。第1章で述べたように開発コストが少なく短時間で育種でき、中小ベンチャーでも開発に乗り出せるゲノム編集技術を用いた食品はまさにうってつけ。しかも、これまでさまざまな困難がつきまとったジャガイモや小麦など倍数体の作物の育種が容易になり、品種の改良に加速がつきます。ポストコロナの世界で、重要な役割を果たすことになるはずです。

## 日持ちをよくして食品ロスを減らす

従来の育種は主に、収量を上げたり病気に強い性質を付加したりおいしくしたり、というのが目標でした。近年目立つのは前項で取り上げた栄養強化。そしてもう一つが、食品の日持ちをよくする試みです。

アメリカのゲノム編集食品で最初に農務省から「規制の必要なし」という判断を示され

たのは、日が経っても茶色にならない白色マッシュルームです。ペンシルベニア州立大の研究者が、変色を引き起こす酵素をゲノム編集により働かなくなるようにしました。2016年のことです。研究者は、日持ちし人の手ではなく機械収穫なども容易になる、とアピールしました。また、日が経っても褐変しにくいロメインレタスも第2章で触れた通り、商用販売に向けて準備中です。

きのこや野菜の外見が変わらず日持ちするなんて人工的、気持ちが悪い、と感じる人もいます。しかし、その感覚は先進国の欺瞞とは言えないでしょうか？　日持ちがよくなり長期間、おいしく食べられるようになれば、店頭や消費者の家での廃棄を減らせます。これは、食品ロス対策なのです。

日本では食品ロスという言葉が「食べられるはずだったのに捨ててしまうこと」という意味で使われていますが、国連食糧農業機関（ＦＡＯ）の定義は異なるので、混乱を避けるためにここで少し解説しておきましょう。ＦＡＯは食品ロス（Food loss）を、収穫後に生産者や加工業者などの工程で捨てられたり品質を低下させられたりする現象を意味する言葉として用いています。一方、小売店や消費者の段階で賞味期限が切れたからと捨てたり、外見の悪さを理由に食べなかったり、冷蔵庫に放置したまま忘れ結局は捨てる現象を食品廃棄（Food waste）と呼んでいます。日本語の食品ロスは、FAOの食品ロスと食品廃棄の両方の意味を含む言葉として使われています。

国連の持続可能な開発目標（SDGs）でも、食品ロスと食品廃棄は、改善を目指すべき重要な指標として扱われています。FAOは2011年、世界の食料の3分の1が捨てられている、と公表しました。日本のような先進国での食品ロスのほか、開発途上国でコールドチェーンが整備されていないために早く腐敗し食べられなくなってしまうものなども含んだ数字です。

このため、生産者や加工事業者、消費者などの意識の変革と共に、コールドチェーンの普及や日持ちする新品種の開発、加工食品を長く日持ちさせるための食品添加物の使用なども行ってゆかなければなりません。日本では、コールドチェーンが整備されているためか、意識改革の必要性ばかりが強調されますが、世界では後者の新品種や食品添加物も重視されています。したがって、ゲノム編集においても、日持ちをよくする研究が盛んに行われているのです。

どうぞ、不自然、気持ち悪い、と切り捨てないで。食品は大切に食べてゆきたいものです。

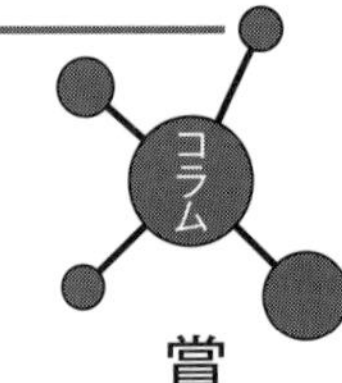


## 賞味期限切れを捨ててはいけない

加工食品の消費期限と賞味期限は混同されがち。消費期限切れは食べずに廃棄すべきですが、賞味期限切れは捨てずに食べる努力をしましょう。

消費期限は弁当や調理パン、そうざい、食肉など、品質が急速に劣化しやすい食品につけられ、腐敗などにより安全性に問題が出る前の期限です。英語圏では、use-by date と書かれていることが多いようです。

一方、賞味期限はスナック菓子、カップめん、缶詰、乳製品など、品質劣化が比較的穏やかな食品に表示されるもの。英語では、best-before date。安全性だけでなくおいしさや食感、香りなどの品質が十分に保たれている期限です。したがって、賞味期限を多少過ぎた、という程度の食品であれば安全上の問題はなく食べられます。

どちらの期限も、その食品にもっとも詳しい製造業者や輸入業者などが、微生物検査など科学的な根拠に基づき、自らの責任で決めています。加工食品のパッケージには、どちらの期限か明記されていますので、しっかり見て対応を変えましょう。

意外に理解されていないのは消費期限、賞味期限共に、開封前のみ有効だ、ということ。空気中にはかびの胞子などが飛んでおり、一度開封してしまうと中に入り込んで増殖し始めますので、一気に品質、安全性の低下が始まります。パッケージを開けたら、なるべく早く食べましょう。

卵につけられている賞味期限は少し意味が異なり、生で食べられる、という意味で表示されています。この日を過ぎたからといって捨てる必要はなく、しっかり加熱してから食べるとよいのです。

## 肉を減らし植物性食品を増やす

欧米では今、肉を減らし植物性食品を食べようというムーブメントが高まっています。肉を代替するものとして注目されているのが大豆をはじめとする豆類です。大豆は欧米ではもっぱら油と飼料をとるための穀物でした。それが肉の代わりに食べられる、となれば、品種改良の方向性は大きく変わります。新品種が注目される所以です。

欧米で肉の代わりに植物を、と叫ばれるようになった理由は主に、①肉、とくにレッドミートの健康への悪影響、②畜産の環境への悪影響、③アニマルウェルフェア（動物福祉）、の3点です。

世界保健機関（WHO）の外部組織、「国際がん研究機関」（IARC）が2015年、ハムやソーセージなどの加工肉を「人に発がん性あり」というグループ1に、牛肉や豚肉、羊の肉など欧米でレッドミートと呼ばれるものを、「人に対しておそらく発がん性あり」というグループ2Aに分類しました。

IARCは、ハムやソーセージを毎日50g食べていると大腸がんのリスクが18%上昇する、という見解を出しています。また、レッドミートは、毎日100g食べ続けていると、大腸がんリスクが17%上昇するとしています。

原因は、肉を加熱したり燻製したりする段階で生成するさまざまな化学物質の可能性が高いとみられています。IARCは食品添加物のせいだ、とは説明していません。

とはいえ、ハムやソーセージは貴重な肉や内蔵などを加工して、保存性を高めた食品ですし、牛肉や豚肉も本来は、人が食べない牧草や食品残渣を家畜に食べさせて高品質のたんぱく質に変える、という役割を果たしてきた食品です。ビタミンB類や鉄、亜鉛なども含んでいます。WHOは「がんのリスクを減らすために摂取を適量にすることを奨励する。加工肉を一切食べないよう求めるわけではない」などとする声明を発表しています。

日本人は、と言えば、ハム・ソーセージの平均的な摂取量は1日13g、レッドミートが50gで、世界でももっとも摂取量が少ない国に属しています。国立がん研究センターは「日本人は、平均的摂取の範囲であれば大腸がんのリスクへの影響はほとんど考えにくい」とコメントしています。

しかし、欧米では1日に平均して200g以上のレッドミートを食べる国もあり、IARCの分類は深刻に受け止められています。植物ベースの食生活と心臓疾患のリスクの低さが関係する、との報告も出てきており、心臓疾患が最大の死因となっているアメリカをはじめとする国々が、肉の代替品として植物性食品に注目するようになりました。

また環境影響の観点からも、肉など畜産品の旗色は悪くなっています。家畜の役割は前述のように人が食べられないものを食べ物に変えてくれるよさにありました。しかし、現在の畜産は、穀物を食べさせた方が家畜の成長スピードが速く畜産物の味もよくなることもあり穀物に依存しています。つまり、人の食料と家畜の飼料が競合しています。

牛肉を1kg作るのに飼料としてトウモロコシ11kgが必要。豚肉1kgは7kg、鶏肉は4kgを要する、とされています。人の食料になるはずの穀物が、肉に変わる過程で失われているのです。

また、家畜の飼育には水も必要。家畜が飲む水のほか飼料を栽培するのに水が必要なため、牛であれば肉1kgを作るのにその2万倍の水が必要、という試算もあります。

おいしさなどの価値は横に置いておいて、あくまでも科学的、合理的に考えれば、畜産品ではなく植物を摂取したほうが環境影響は小さくなるのは自明です。そのため、炭水化物だけでなくたんぱく質や油も多く含む豆類が注目されています。

最後にアニマルウェルフェア。国際獣疫事務局（ＯＩＥ）は、「動物が生活及び死亡する環境と関連する動物の身体的及び心的状態」と定義しています。かなりわかりにくい言い回しですが、具体的な項目を見ればなるほど、となります。アニマルウェルフェアの状況を把握するための五つの指針として、①飢え、渇き及び栄養不良からの自由、②恐怖及び苦悩からの自由、③物理的及び熱の不快からの自由、④苦痛、傷害及び疾病からの自由、⑤通常の行動様式を発現する自由……が挙げられているのです。

狭いケージで飼育される家畜などを問題視する声が強くなっており、欧米ではヴィーガン（肉だけでなく、乳や卵なども取らない完全菜食主義者）になる人も増えています。

大豆を肉の味に近くなるように加工した大豆ミートは、日本でも急速に普及してきました。植物の品種改良は栄養組成の改善や収量向上、水や肥料が少なくても育つものなど、さまざまな観点から研究が急展開しています。

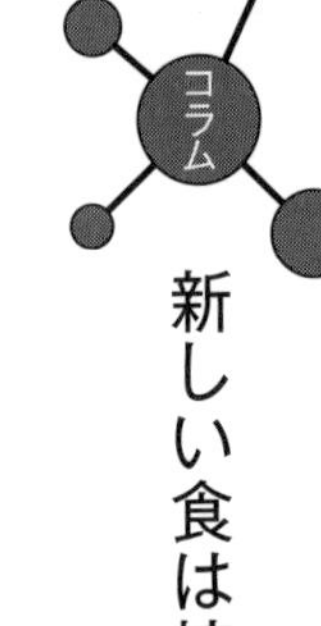


## 新しい食は培養肉や昆虫へ

肉の代替品として豆類のほかに有力視されているのは培養肉、昆虫、海藻などです。

培養肉は動物の細胞を室内で培養増殖するもの。アメリカの関係者はクリーンミートとも呼び、イメージアップを図ろうとしています。畜産に比べ環境影響が小さく衛生的、という触れ込み。しかし、培養条件を維持するためのエネルギー使用量の多さなども指摘され、環境によいのか悪いのか、確定的な結論は出ていません。

また、安全性の面でもまだ不明な点がいっぱい。細胞増殖するためにはホルモンを添加しなければならず、人へのリスクは研究不足です。生きた家畜は免疫反応によりさまざまな微生物の感染を抑えていますが、細胞培養では免疫がなく、微生物などの感染を防ぐため抗生物質を使ってよいのかどうかも見解が分かれます。また、培養する際の器具から溶出した化学物質のリスクはどうなのかも検討する必要があります。培養肉研究がもっとも進んでいるアメリカでは、議会に付属する会計検査院が2020年4月に「農務省（USDA）と食品医薬品局（FDA）が協同して規制の枠組みを検討すべきだ」と見解を示しました。店頭に出てくるにはまだ、相当に高いハードルがありそうです。

昆虫食は国連食糧農業機関（FAO）が人口増と環境保全を両立させる方策の一つとして提案し、食料や飼料としての利用や研究を推し進めています。FAOによれば、昆虫は高品質のたんぱく質やビタミン類などを持っており、コオロギであれば、牛肉の6倍、豚肉の4倍、鶏肉の2倍の効率で、たんぱく源にできる、とのことです。加えて、畜産に比べて温室効果ガスの排出量を10分の1から100分の1に削減できます。昆虫飼育は畜産に比べて水が少なくて済み、飼育スペースも小さくなります。そのため、FAOは人にとってのミニ家畜、あるいは穀物の代わりに家畜に与える飼料として期待できる、というのです。

考えてみれば、日本でもイナゴを食べたり蜂の子を食べたりしてきましたし、アジアでも虫を食べている国があります。伝統食の価値を見直そう、という取り組みでもあります。

もちろん、大量飼育のための技術開発が必要ですし、人にアレルギーを招かないか、長期的に食べ続けてもリスクがないか、昆虫から人に感染する病気はないかなど、安全性も評価しなければなりません。さらに、規制をどうするのかも要検討。それらをクリアしてもなお、人々が心情面で受け入れ食べるようになるのかは不明ですし、情報提供や教育も求められるでしょう。これも、2050年の人口100億人をにらんだ長期の食料変革計画の一環です。

## ゲノム編集の限界と可能性

品種改良の重要性は極めて高くなっており、従来手法に比べて短時間、低コストで品種改良が可能になるゲノム編集への期待は高まるばかりです。ただし、ゲノム編集は万能ではありません。たとえば、作物のおいしさにはたくさんの遺伝子がかかわっています。ゲノム編集は一つの遺伝子を変異させることはできますが、多くの遺伝子が関係しながら作り出している性質を一気に変えるには、従来のおしべとめしべを掛け合わせる交配育種が適している場合も多いのです。

また、新しい性質を付加するにはやはり、遺伝子組換えが有効です（第5章で詳しく説明します）。品種改良にさまざまな方法論を用意しておくことが、地球の課題解決のカギとなります。

生物は長い進化の過程で、さまざまな遺伝子の変異が起きてきました。その痕跡が現在の生物にもあります。たとえば、さつまいものゲノムを解析したところ、遺伝子組換え技術を植物に施す際に用いるアグロバクテリウムという微生物のDNAの一部が入りこみ、さつまいもの一部となっていることがわかりました。

つまり、微生物のDNAが植物に入り込んで植物のゲノムの一部となっている。現代の遺伝子組換え技術を用いて行っていることが、さつまいもで自然の進化の過程で起きていたようです。国際的な学術誌ネイチャープランツはこの研究報告を、「さつまいもは、自然の遺伝子組換え作物だった」という見出しでニュースにしました。

また、植物が持っている葉緑体の遺伝子は藍藻（らんそう）の遺伝子とよく似ていることから、これもはるか昔、藍藻が植物に共生して植物内に入り込んだ結果と考えられています。

生物の進化の道筋は、生物が持つ潜在的な力と飛躍の見事さをくっきりと示しています。そんなことを考えると、遺伝子組換えやゲノム編集を「不自然」などと切り捨てることはできないはず。こうした基礎研究もヒントにして、さまざまな品種改良法は開発され改善され、ポストコロナの世界に貢献してゆくのです。

# 第5章

# ゲノム編集をめぐるメディア・バイアス

## 遺伝子組換えへの先入観が、理解を妨げる

ゲノム編集食品は、多くの人にその詳細が説明される前に、不安を抱かれてしまったようです。明治大学科学コミュニケーション研究所研究員の山本輝太郎さんらが2019年2月に行ったインターネットによる調査研究で明らかとなりました。

調査対象者にまず、遺伝子組換えに対してどう考えているかを質問。その後に、ゲノム編集の教材を学習してもらい、遺伝子組換えへの先入観がゲノム編集に対する評価にどう影響するのかを調べたのです。その結果、もともと遺伝子組換えに否定的な人は、ゲノム編集について学習した後、ゲノム編集に対してもより否定的であることがわかりました（2019年、学術誌「科学教育研究」で発表）。

この時期はまだ、ゲノム編集に関する報道も少なく、一般の人たちは技術の詳細をよく知りません。そのうえで、まったく同じ教材で学習してもらったにもかかわらず、遺伝子組換えへの意識によってゲノム編集に対する受け止め方が異なってしまう。人がいかに思い込みに左右されてしまうか、ということを物語る調査結果だと思います。

遺伝子組換えに多くの人が抱いていた先入観は、序章や第1章で述べたように科学的に妥当とは言えません。間違った情報に基づく先入観が、新技術に対する将来の判断を曇らせてしまう。情報をどう取り扱うか、という点で非常に深刻な課題がここに表れているのです。

## 遺伝子組換え技術の普及には、理由があった

遺伝子組換えについては第1章で、ゲノム編集との科学技術としての違い、という観点から解説しました。遺伝子組換え技術の社会へのインパクトは非常に大きなものだったのですが、それも社会から誤解されているように思えますので、説明しておきましょう。

遺伝子組換えが最初に商用化されたのは日持ちのよいトマト。１９９４年のことですが、食味が悪く売れませんでした。96年には、トウモロコシと大豆で遺伝子組換え品種が登場。これらは瞬く間に栽培面積が増え、２０１８年には、世界で栽培されるトウモロコシの30%、大豆の78%、ナタネの29%、ワタの76%が遺伝子組換え品種となりました。このほか

パパイヤ、ナス、サトウキビなどでも遺伝子組換え品種が誕生しています。

栽培面積の多い国はアメリカ、ブラジル、アルゼンチン、カナダ、インド。この5カ国で地球上の遺伝子組換え栽培面積の9割を占めています。そのほか、パラグアイや中国、南アフリカ、スペインなど計26カ国で栽培され44カ国が輸入しています（2018年、国際アグリバイオ事業団調べ）。

遺伝子組換え品種は、外から遺伝子を導入することで「除草剤耐性」や「害虫抵抗性」など新たな性質を付加しています。ただし、除草剤といっても複数の種類があり、害虫抵抗性についても害虫の種類に対応して導入される遺伝子は異なりますので、品種としては何百種類とあります。このほか、最近では「干ばつ耐性」や「ウイルス抵抗性」なども目立ってきました。複数の性質を付加された「スタック品種」も増えています。

なぜ、遺伝子組換えがここまでシェアを伸ばしたのか？　メリットとして大きかったのは省力化です。除草剤耐性作物は、作物がまだ小さいときに除草剤を散布します。この除草剤は、雑草を含め植物を選択することなく枯らしてしまうのですが、遺伝子組換えにより除草剤耐性を付加された作物は生き残ります。

それまで、雑草の防除は農家にとって大きな手間でした。機械で除草するのですが、雑草を取りきれないのです。とくに大豆の除草は難しく、大豆の収量を下げる要因となっていました。ところが、除草剤耐性作物の出現により、この作業に費やす時間と手間、そして機械を動かすエネルギーも著しく減りました。

それに、除草剤耐性作物は不耕起栽培を可能にしました。これは、土をよく耕す農家が褒め称えられる日本では非常にわかりにくい話なのですが、他国では大きなメリットです。

［図15］ 雑草がなく、よく茂る遺伝子組換え大豆畑

世界での遺伝子組換え品種の栽培面積は、トウモロコシの30%、大豆の78%を占めるに至っている

[図16] アメリカにおけるトウモロコシ生産の推移（1970~2019年）

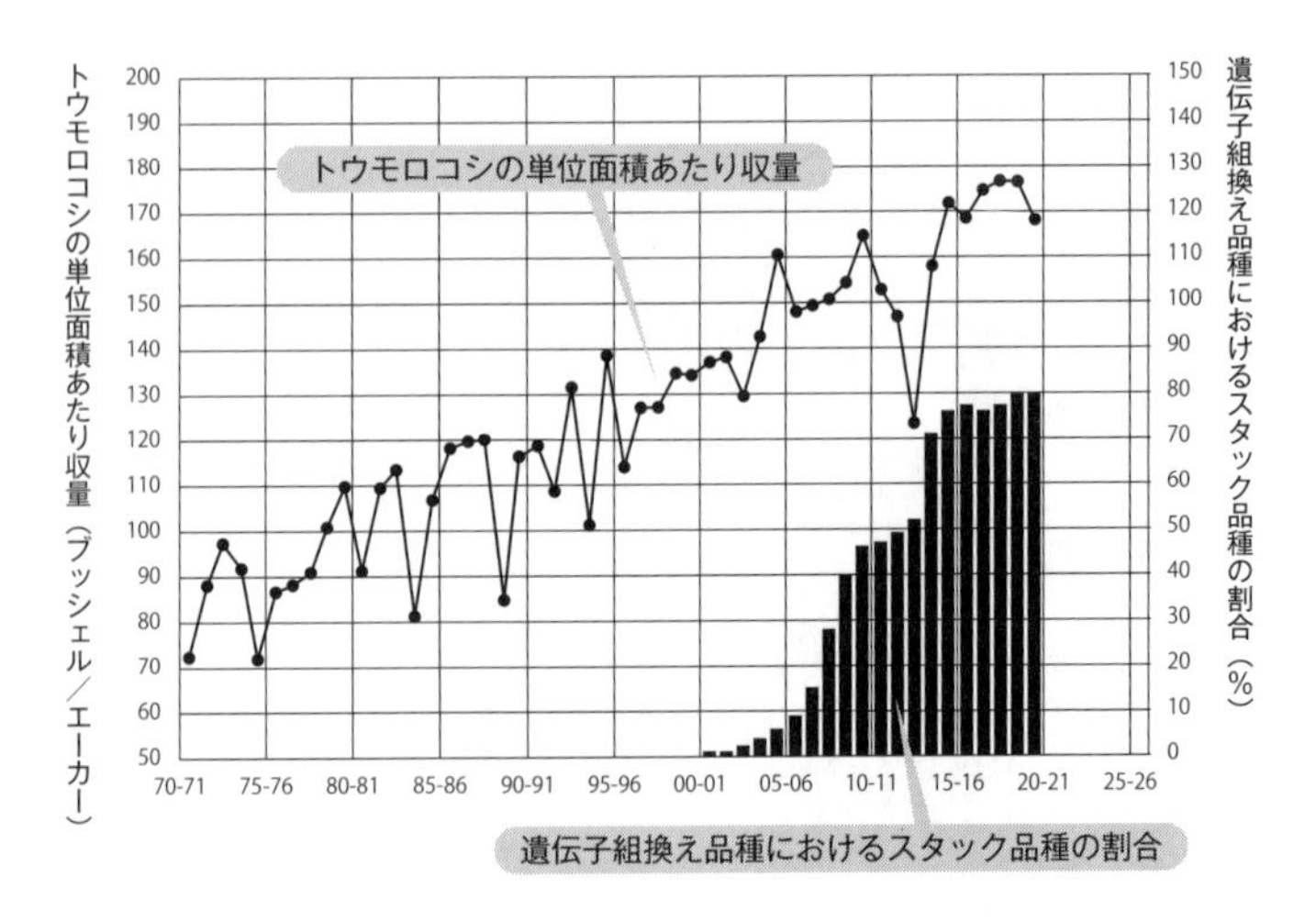


アメリカにおける1970 ～ 2019年のトウモロコシの単位面積あたり収量と遺伝子組換え品種におけるスタック品種の割合。遺伝子組換え品種が導入された1996年以降、不作の年が減り収量が安定して上昇していることが見て取れる（2012年は大干ばつに襲われ収量が著しく下がった）

出典：アメリカ穀物協会

どの国でも昔は栽培前によく土を耕していました。土に空気を含ませて軽くすると同時に、生えている雑草を抜く役割を果たします。

しかし、アメリカやブラジルなどでは、その後に土が風に吹き飛ばされたり水に押し流されたりして、せっかくの肥沃な表土が失われてしまう被害が深刻でした。

ところが、除草剤耐性作物の場合には耕さずにタネ蒔きができます。発芽して少し大きくなったところで除草剤を散布すれば、雑草だけが枯れてしまうのです。これにより、表土が失われず雑草の害も小さくなりました。除草剤耐性作物はこの観点から、他国では資源の確保、環境保全につながる、と評価されています。

害虫抵抗性作物では、遺伝子組換えにより作物の中に特定の害虫が食べると死ぬたんぱく質を作らせています。その作物を食べた害虫は死ぬため増殖せず、被害を抑えられます。トウモロコシは従来、害虫を防除するために何度も殺虫剤を散布していましたが、害虫はトウモロコシの茎の中にもぐりこむ性質があるため、殺虫剤がなかなか効きませんでした。害虫抵抗性トウモロコシであれば、害虫が確実に食べ死にます。そのため、殺虫剤を減らすことができ、散布作業も軽減されました。

## 過剰規制の教訓

遺伝子組換えの安全性に関しては、どの国でも政府機関による審査や確認が行われています。

「遺伝子組換え技術を用いれば、問題が生じる」というわけではありません。遺伝子組換え技術によって、どんな遺伝子が外から持ち込まれどのような性質を持つようになったのかが、安全性の判断のポイントです。よくない遺伝子を導入すればその食品は有害にもなり得るので、審査や確認行われます。新たなアレルゲンや毒性物質を作るようになっていないか、これまで動いていなかった代謝生合成系が動き出す、ということが起きていないか、栽培時には生態系に影響しないかなどが、細かく検討されたうえで食品や飼料として認められています。

そもそも、品種としてもっとも多い除草剤耐性という性質は、植物だけが持つ代謝経路にかかわるもので、哺乳類が食べても影響はありません。また、害虫抵抗性のたんぱく質は、虫の消化管内では分解されて有害物質になりますが、人の消化管内では分解されず人には安全。同種の害虫抵抗性たんぱく質は、農薬として有機農業にも使われているほどです。「虫が死ぬものを食べるなんて」と感情的になる市民はいますが、科学的には安全性に問題はありません。

遺伝子組換え食品が危険だという指摘は幾度となく出ましたが、その都度、科学的な検証により否定されてきました。全米科学アカデミーは2016年、人や動物が食べても安全とする報告書をまとめています。反対派はしばしば、長期摂取試験が行われていない、と主張しますが、フランス環境連帯移行省が出資してラットに遺伝子組換え飼料を半年間与える試験が行われ、リスクは確認されませんでした。欧州委員会出資の2年間のラット試験でもリスクは認められていません。

遺伝子組換え食品の商用栽培が始まってから既に27年が経ちましたが、食品としての安全性に問題が生じて認可取り消しとなった食品はありません。

とはいえ、世界のどの国でも市民が諸手を挙げて賛成、という雰囲気ではありません。「微生物の遺伝子が入っているなんて」というような違和感、抵抗感は当然の心情かもしれません。

アメリカで2018年、市民2500人を調査したところ、「遺伝子組換え食品は健康に悪い」と答えたのは49％に上りました。「よくも悪くもない」と答えたのは44％に止まりました。第5章で詳しく説明しますが、安全性について間違った情報がかなり流布されたこともあり、消費者に評判が悪いのです。日本では消費者庁が2016年に行った約1万人を対象としたインターネット調査では、40・7％が「不安がある」と答えました。「不安がない」が11・4％、「気にしていない」が28・8％です。

農業者の期待は高まり栽培面積は増え続けているのに、消費者は不安を抱いている。この隘路（あいろ）を解消し、なんとか消費者の安心にもつながるものにしてゆかなければ……。こうして、行政の審査は厳格化され細かくなってゆきました。

日本は2003年から内閣府食品安全委員会が審査を担っていますが、開発企業に求められるデータは詳細になりました。私は、開発企業の担当者から何度となく、「重箱の隅をつつくようなデータの提出まで求められるようになり、苦しい」という愚痴を聞いています。しかし、審査内容は公表され反対派市民も注視していますので、厳しくデータを要求し、関連する研究成果や報告書と突き合わせて検討する、という作業をせざるを得ません。

日本だけでなく世界中の国々が審査について同様の傾向です。開発企業は安全性審査のために莫大な数の実験をこなし書類を提出し担当者が説明し、審査を終えるまでに何年もかかります。開発企業の一つ、デュポンパイオニア（現コルテバ・アグリサイエンス）のディレクターによれば、遺伝子組換え技術によって新しい性質を付加した新品種を作る場合、発見から開発、承認までにかかる費用は1億3600万ドル（日本円で約150億円）。そのうちの26％が、安全性審査に関連する試験や手続きなどに費やされていたそうです。開発プロジェクトの開始から商業化までに要する期間は平均して13年です。

こうして、遺伝子組換え品種の開発には莫大な投資が必要となってしまいました。複数の国でかなりの量の種子が売れることが見込まれる作物しか、遺伝子組換えでは新品種を作れなくなったのです。複数の国に種子の販路を持ち、長い時間を掛けて投資を回収することが可能なだけの資産と経営体力を持つ多国籍企業による寡占市場となりました。

遺伝子組換えに反対する市民団体などは「遺伝子組換え品種により大企業が食を牛耳る」と主張しますが、開発する研究者からは「それを招いたのは、過剰に危険視して反対運動を展開し、重箱の隅をつつくような審査にしてしまった市民団体ではないか」という恨み節が聞こえてきます。

だからこそ、ゲノム編集にさらに期待がかかります。低コストで短期間に行えるため、中小の種苗企業やベンチャー企業も開発しつつあります。参入者が多ければ、よい品種や特徴のある品種を目指してしのぎを削ることになるでしょう。もちろん、安全性が軽視されたまま市場に導入されることがあってはなりませんが、遺伝子組換えの教訓を踏まえて、各国の行政機関も過剰な規制とならないように気を配っているように見えます。

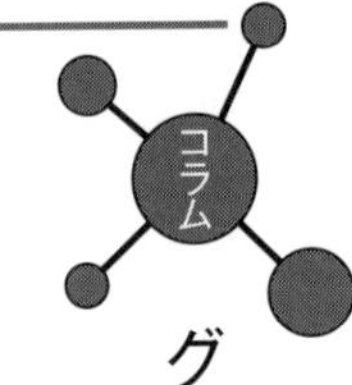


# グリホサートのリスクは？

近年、遺伝子組換え食品のうちの一つ、除草剤耐性作物について、問題を指摘する声が出ています。除草剤グリホサートにリスクがある、というのです。遺伝子組換えそのものではなく、除草剤耐性作物は、ほかの植物なら枯れる除草剤を散布されても枯れない性質を持っています。いくつかの除草剤について耐性品種が作られているのですが、もっともよく用いられるのがグリホサート。アメリカのモンサント社が開発した除草剤です。モンサントは、グリホサートを主成分とする製品をラウンドアップという名称で売っています。

このグリホサートに発がん性がある、という指摘が出ています。国連の外部機関である国際がん研究機関（IARC）が2015年、「おそらく人に発がん性がある」と分類しました。しかし、日本の内閣府食品安全委員会は詳しく検討した結果、16年7月、「発がん性や遺伝毒性、神経毒性などは認められない」と公表。欧州食品安全機関（ＥＦＳＡ）やアメリカ環境保護庁（ＥＰＡ）、国連食糧農業機関（ＦＡＯ）と世界保健機関（ＷＨＯ）合同の残留農薬専門家会議（ＪＭＰＲ）なども、発がん性を否定しています。

なぜ、このような食い違いが生まれるのか？　農薬は企業の商品なので、企業がさまざまな試験を行って安全性を確認し、そのデータを国に提出して審査を受けて製造や販売の許可を受ける仕組みがどの国でも動いています。しかし、ＩＡＲＣは企業のデータを考慮に入れず、学術論文として公表されたものだけを基に発がん性を判断しました。学術論文には新規性が求められ、既存の農薬について安全だと確認するような試験は、なかなか論文化されません。こうした不均衡がＩＡＲＣの判断につながったとみられ、農薬に詳しい科学者はＩＡＲＣを批判しています。

とはいえ、権威ある国連の外部機関の指摘は、反対派を勢いづかせました。アメリカではモンサントに対して、多数の訴訟が起こされています。これに伴い、ウェブメディアの中には「世界で販売禁止の動き」と報じるところがありますが、これは事実ではありません。たしかに、フランスでは禁止製品があります。といっても、グリホサートというのは農薬の成分名であり、モンサントだけでなくほかの企業もグリホサートを含むさまざまな製品を販売しています。その中で禁止されたのは、モンサントのラウンドアップの一部の製品のみ。また、グリホサートはアラブの一部の国では一時、輸入や販売が禁止されていたのですが、19年には解除されています。EUでも北米、中南米でも、依然としてグリホサートは販売され使用されています。

そもそも、グリホサートに耐性を持つ遺伝子組換え品種は、数多くある遺伝子組換え品種の一部に過ぎません。なのに、グリホサートの問題が、イコール遺伝子組換え品種の是非にまで飛躍し、メディアで語られてしまっています。

## ゲノム編集でも繰り返される陰謀論

遺伝子組換え食品反対派の運動のキーワードは、「アメリカ」と「モンサント」であるように思えます。ヨーロッパの各国や日本などがアメリカに抱く複雑な感情を背景に、「枯葉剤を開発したモンサントが遺伝子組換えを作った」「モンサントは危険性を示すデータを隠しており、元社員が国の機関に所属し隠蔽に加担した」といったフレーズが、繰り返し流されました。わかりやすく刺激的で、心に残ります。モンサントをとりあげた書籍もいくつも出版されました。

このため、遺伝子組換え品種＝モンサント、と誤解している人が非常に多いのです。私は、全国の生協で講演したり広報誌に連載したりしているのですが、「モンサントが農業を変えてしまった、ダメにした」という意見をしばしば聞きます。

たしかに、モンサントは除草剤耐性作物と害虫抵抗性作物を開発し、遺伝子組換え技術の推進に非常に重要な役割を果たしました。が、その後はシンジェンタやデュポンなどヨーロッパ系の企業が新品種を出し、安全性審査なども経て商用化されています。他国でも多くの研究が行われており、イギリスにある世界最古の農業研究機関、ローザムステッド農事試験場でさえも、遺伝子組換え小麦の研究を進めてきました。

遺伝子組換え食品が急激に世界で浸透したのは、なんといっても栽培上のメリットがあり農家が支持したからです。それをモンサントの〝悪行〟のせいにするのはあまりにも単純で、〝陰謀論〟そのものです。

反対派の運動家たちは、そんなことは百も承知で、モンサントという名前を出してきたように思います。反対運動にとっては、強大な〝敵役〟は効果的だったのです。

ゲノム編集食品も、同じような構造、敵役を作りだそうという動きがあります。ただし、モンサントは、ゲノム編集食品研究では成果を上げなかったうえ、既にバイエルに買収されてしまい標的とはなりません。しかし、アメリカという敵役はまだ有効です。

日本の識者と称する人たちの中に、「アメリカで開発されたゲノム編集大豆が既に、日本の豆腐や納豆に入っているかも」「ゲノム食品解禁、笑うのはアメリカ企業？ 日本の消費者が犠牲に」などと、書籍やメディアのインタビュー、講演などで語る者が出てきました。

第2章で紹介したように、アメリカではオレイン酸の含有量が高く、トランス脂肪酸を含まない大豆が、カリクスト社によってゲノム編集技術を用いて開発されました。契約栽培が行われ、2019年には食用油の販売が始まっています。この大豆が日本で豆腐や納豆になっているかも、という指摘です。

しかし、食用油になる品種と豆腐や納豆用の品種は異なります。カリクストの大豆は、どの農家が栽培したのかがわかる契約栽培が行われており、しかも、「遺伝子組換えでない」というのも売り。搾った油は、特別なものとして高価格で販売され、搾りかすも高品質の飼料として販売されています。日本の1パック100円ほどで売られる豆腐や納豆に流用されるとは考えられません。

日本の豆腐や納豆などの業界も、原材料に異なる品種が混ざると品質低下につながりますので、商社に厳正な管理を依頼します。出すほうも受けとるほうも混入を防いでいます。そうした現実が無視され、「知らない間に食べさせられるかも」という不安が振りまかれています。

私が取材する限り、アメリカの種苗企業や食品企業には駐日大使館や業界団体などを通じて日本の情報が提供されており、日本の法律を守りゲノム編集食品に関する届出制度を遵守しようとする方向にあるようです。届出があれば情報は公開され、「知らない間に」は防げるでしょう。

アメリカと日本は食品貿易に関しては長い関係があり、トウモロコシが年間1100万トン、大豆は250万トンがアメリカから日本に輸入されています（農水省、2019年調べ）。牛肉やオレンジなど他の食品も多数取引があります。両国共に、トラブルは回避したいのです。

むしろ、日本の種苗関係者が警戒するのは小国の動きです。ゲノム編集はこれまで書いてきたように開発コストが低く、ベンチャー企業も開発可能。その動きをその国の政府が捕捉しきれず、ゲノム編集食品に対する規制が日本のように整っていないのに流通や消費が始まってしまう可能性が小さくないのです。食品を分析してもゲノム編集であるかどうか区別できないので、日本への輸入を止められない可能性があります。

日本は、ゲノム編集食品に対する科学に基づく規制を世界でもいち早く策定しました。国際標準化の流れを作るべく諸外国に働きかけてゆく時期だと思います。

コラム

## ゴールデンライスはなぜ、普及しないのか?

開発途上国で、おおぜいの子どもたちを死亡や失明という運命から救う米、ゴールデンライス。もう品種としてはできあがっているのに、子どもたちになかなか届きません。なぜかといえば、遺伝子組換え技術を用いており、市民団体「グリンピース」などが反対しているからなのです。

ＷＨＯによれば、途上国を中心に年間２５０万人がビタミンA不足に苦しみ、その40％は５歳以下の子ども。ユニセフは年間に１００万人から２００万人が亡くなり25万人から50万人の子どもが失明している、と報告しています。

ビタミンAの豊富な果物、野菜、肉などを多く食べられるようになればよいのですが、飢餓さえ起こり得る食料事情では望み薄です。ＷＨＯは、サプリメントなどとして提供するプログラムを作っていますが、うまく進んでいないようです。食品にビタミンAを添加して食べてもらう試みもあります。砂糖やマーガリンなどに添加し多くの人が自然にとれるようにするのです。しかし、これらの食品を購入できない貧しい人たちも少なくなく、決め手とはなりません。

そこで１９９０年代に始まったのが、遺伝子組換え技術によりビタミンAの前駆体であるβ－カロテンを多く含む米を開発しようというプロジェクトでした。食べると、体内でβ－カロテンがビタミンAとなり、欠乏症状を解消します。米であれば多くの国では主食であり、冷蔵の必要もなく、貧しい人たちにも安全に届きます。

スイスやドイツの科学者が研究を始め、フィリピンの国際イネ研究所（IRRI）なども共同で携わり、特許を持っていたスイスの企業シンジェンタは2008年、特許権を無料で提供。同年、IRRIで試験栽培が始まりました。

ところが、激しい反対運動が起きてしまったのです。中心となったのはグリンピース。「遺伝子工学上の複雑な操作が予測不可能な効果をもたらすため、食品の安全性に影響を与える可能性がある」などと主張します。これに対して2016年、110人のノーベル賞受賞者が立ち上がりました。反遺伝子組換えのキャンペーン、とりわけゴールデンライスの反対運動を止めるように書簡を送りました。感情や心情による反対論は既にデータで否定されており、すぐに止めるべきだ、というのです。

書簡は、こう結ばれています。「私たちが、この状況は人類に対する犯罪とわかるまでに、いったい世界で何人の貧しい人々が死ななければならないのだろうか？」。

# モンサント法の誤解

日本の農業界で最近、「アメリカが……」で騒ぎとなったのが種子法の廃止と種苗法の改正です。これも、かなりの事実誤認に基づく陰謀論がマスメディアで展開されたので、少し解説しておきましょう。

種子法は1952年（昭和27年）にイネ、麦類、大豆の優良な種子を生産・普及する目的により作られました。この時期ですから、最大の目標は食料増産です。

種子は、①品種の開発、②種子の増殖、③流通販売……という3ステップが揃って農家に届くと栽培され、食料生産に結びつきます。①のすぐれた品種の開発は、本書で説明してきたように非常に大事ですが、実は②の種子増殖も負けず劣らず重要。第2章で紹介した高GABAトマトを開発した筑波大学は、品質のよい種子を生産者に安定して届けるために、わざわざ会社を設立したほどです。種子法は、イネ、麦類、大豆という日本の食を支える作物の種子について、都道府県に管理や増殖普及を義務づけていました。

しかし、施行から60年以上がたち主食である米の消費も大きく下がったことから、「農業競争力強化支援法」を制定し、都道府県だけでなく民間事業者の力も導入して種子を供給してゆこうということになり、種子法は２０１８年4月に廃止されました。

そもそも、イネ、麦類、大豆以外の野菜や果物などの種子や苗の増殖管理は種苗法の下、官民両方が行ってきたのです。種子法廃止は、民間にできることは民間にもやってもらおう、という判断でした。民間の種苗会社は、ほかの作物の増殖や管理で十分な実績を持っています。技術的には、高コストになりがちな公務員による管理だけに制限する理由はもはやないでしょう。もちろん、都道府県がそのまま、種子の増殖や供給を行うことも可能な仕組みです。

ところが、一部の市民団体や農業経済学者などが「種子法がなくなれば、日本の米の値段は10倍にもはね上がる。海外のモンサントなどの種苗企業が乗りだし、日本の種子が支配されてしまう。遺伝子組換え品種しか食べられなくなる」などと主張し、種子法の廃止は「モンサント法」とまで言われるようになってしまいました。

この時期、日本モンサント社の社員と話をする機会がありましたが、「どうしてモンサント法になるのか、まったく意味がわからない。あまりにも途方もなくて、どう反論したらよいものか」と困っていました。

どこがどう途方もないのか？　実際のところ、日本の種子市場が世界の中で、外資企業に乗っ取られるほどの価値があるか、と言えば疑問です。

冷静に考えればわかるのですが、日本の食料自給率は38％で、既に主食の米以外の穀物では大量の遺伝子組換え品種を輸入し利用しています。主食の米は自給率97％ですが、コシヒカリが圧倒的な人気を誇っています。ほかの品種もたいていが、コシヒカリの血を引いており、味や育てやすさなどを競い合っています。ここに外資が新たな品種を投入して、「どの日本人も買う」などということが起こり得るでしょうか。遺伝子組換えの米が開発されたとして、人気になるでしょうか。

品種の好みは国によってかなり大きく異なり、海外で売られている品種をポンと持ってきても日本では売れません。種苗企業はかなりのコストをかけて、日本向けの新品種を開発し、その種子を売ることで先行投資分を取り返し儲けなければなりません。

加えて、遺伝子組換え品種の開発には、第3章で示したように莫大な費用と年数がかかります。それで、わずかな種子しか売れなければ？　しかも、今のところは遺伝子組換え品種は消費者には嫌われ、油の原料や飼料など、食品の容器包装への表示が必要のないものにしか利用されていません。農家も買われないものは作らず、種子も買いません。

したがって、遺伝子組換えの米は、日本では最初から種子としては採算が合わないことがはっきりしており、外資系企業が乗り出すことなどあり得ないのです。同じアジアで日本よりも市場が10倍以上大きい中国で、生産者の需要や消費者の嗜好を研究して種子を開発し売り出したほうが儲けにつながるのは、火を見るより明らかです。

麦類、大豆も同様です。そもそも、麦や大豆の栽培は日本の気候に向いているとは言えず、小麦の主産地カナダや大豆の主産地アメリカに比べ収量が著しく低く、自給率は小麦が16%、大豆は6%しかありません。そんな品目で外資企業がわざわざ、日本人の嗜好に合う種子の開発に乗り出すでしょうか?

説明すればするほど、モンサント法という命名がいかにとんでもないか、おわかりでしょう。実際に、種子法が廃止されて2年たっても、イネや大豆の種子増殖に外資企業が乗り出す動きなどありません。

## 種苗法の改正まで、ゲノム編集に結びつけられる

種苗法の改正も、誤解だらけです。中日新聞は２０２０年4月25日、「種苗法改正　農業崩壊にならないか」という社説を出しました。「農家が種取りや株分けをしながら繰り返し作物を育てる自家増殖は、『農民の権利』として例外的に容認されてきた。それを一律禁止にするのが『改正』の趣旨である」「自家増殖が禁止になれば、農家は許諾料を支払うか、ゲノム編集品種を含む民間の高価な種を毎年、購入せざるを得なくなる」と主張したのです。同月末には、ある女優さんがTwitterで「このままでは日本の農家さんが窮地に立たされてしまいます」として種苗法改正に反対する姿勢を示しました（その後、投稿は削除されています）。それを機に、賛否両論が巻き起こり、２０２０年の通常国会では成立せず継続審議となりました。

しかし、かなりの誤解があるように私には思えます。種苗法の改正は、まずは品種を新たに開発した育成権者の権利を守ろうとするもの。そして、海外への流出を防止する狙いもあります。これまでは、正規に購入した品種を農家が増殖することは許されており、海外への持ち出しを制限できませんでした。そのため、海外に種苗が流出する事例が多数ありました。

たとえば、皮ごと食べられ味がよいとして高い人気を誇るシャインマスカットは、最初の交配から品種登録まで18年がかかり2007年から苗木が売られるようになりました。ところが、あっという間に海外に苗木が流出し、今では中国で「陽光玫瑰」「香印翡翠」など別の名前がつけられて販売されています。これでは、品種改良にかかった多額のコスト、人件費の回収はできません。こんなことが続くと、新品種を開発しようとする企業も農家もいなくなるでしょう。

そこで、種苗法を改正し種苗の販売において栽培エリアなどの利用条件をつけ、まず海外に勝手に持ち出されないようにします。また、農家の増殖も許諾制とし、だれがどこで増殖しているか開発企業が把握できるようにします。こうすれば、海外に流出してもルートをたどって〝犯人探し〟が容易になり、一定の歯止めをかけることができるはずです。ただし、種苗法改正の対象は「登録品種」のみ。もともとある在来種や開発者が品種登録をしなかったもの、さらに品種登録してから一定期間（野菜などは25年、樹木などは30年）がたったものは、対象外です。

米は、全体の84％が種苗法の適用されない「一般品種」。コシヒカリやひとめぼれなども品種登録期間を過ぎており、対象外です。野菜は一般品種が91％、みかんは98％で、対象となる登録品種はかなり少ないのです。これらはすべて、農家が自由にタネ取りをできるものです。

つまり、人気の高い新品種は勝手に増殖させず許諾制とし、開発企業が一定の許諾料も徴収し、開発から時間がたった歴史のある品種は農家も自由に増殖してよい、という仕組み。たとえば、京都で名物の漬物になるすぐきは在来種で、農家が毎年栽培し採種しています。これまでも、種苗法改正後も、まったく問題なく農家はタネを取り栽培し続けることができます。

音楽や小説などで著作権者の権利が守られるように、新品種も開発者の権利が守られないと、次の品種開発にはつながりません。種苗法改正は当然の話のように私には思えます。

農家もインターネットなどで次々に、種苗法改正に賛成と表明しています。これまで自由に増殖できていた農家が既得権を奪われる、というふうには受け止めていないのです。そもそも、日本の農家で自らタネ取り、つまり自家採種をする農家はごくわずか、です。日本のような狭い国土でのタネ取りは手間がかかり神経も遣い、非常に難しいのです。

作物の中でもイネは、比較的容易に種子を取れる作物ですが、多くの農家はそうであっても種子を購入します。県やＪＡなどが種苗センターを経営し管理して品質の高い種子を売ってくれるのです。種子を購入して新しくすることを「種子更新」と呼びます。一般社団法人全国米麦改良協会の調査によれば、イネの２０１６年度の種子更新率は87・9%、小麦では91・8%です。つまり、９割の農家は種子を購入しています。

残る１割、イネや小麦を栽培して自分でタネ取りをして翌年まく農家も、種子はだんだんと劣化してゆくので、数年に１回は購入して品質を元に戻します。

農家の多くは、種子や苗をこれまでも購入してきましたし、これからもきちんと購入するだけのこと。農業崩壊などとはまったく結びつかないのに、新聞の社説までもが、まったく関係のないゲノム編集も引いて誤解を広げています。

コラム

## 種子の海外生産の意味

日本の種子は現在も国産がほとんどなく海外企業に牛耳られている、という意見がありますが、それは誤解です。たしかに、野菜では９割の種子が外国産とされています。しかし、外資系企業が絡んでいるわけではなく、日本の種苗企業が研究開発し、採種を海外で行う形態が一般的なのです。

採種する場合、周辺に近縁種などが栽培されておらず、自然の交雑を防ぐことができなければなりません。こうした場所を、日本ではなかなか確保できません。たとえば白菜は明治期に日本に導入された野菜ですが、宮城県・松島湾の小島で採種が行われていたほど。現代の日本では隔離された場所での採種が難しく、広大な土地を持つ海外に頼らざるを得ません。

また、採種は非常に細かな作業が必要です。残念ながら、日本ではそうした作業を請け負ってくれる労働力を確保できないのです。加えて、現在食べられている野菜などの品目の多くは、江戸時代や明治時代などに海外から入ってきたもの。植物は、原産地に近いほうが強健である場合が多く、その点からも海外での採種が有利です。

日本の種苗メーカーが採種に関して海外に頼らざるを得ない構図はこれからも変わらないでしょう。しかし、その前の新品種の確立において、日本の持つ高い技術力が活かされているのです。

# 確証バイアスに陥る人々

近年、陰謀論や科学的に間違った情報がなぜ広がり、多くの人が信じてしまうのか、心理学や社会学、行動経済学などから研究が進んでいます。

陰謀論については、雑誌サイエンティフィックアメリカンの編集者、M・W・モイヤーは「陰謀論は都合のよいスケープゴートを特定することで慰めを提供できる。手軽な悪役のせいにすれば、複雑な世界がもっと単純に見え、制御可能に思える」と指摘しています。新型コロナウイルス感染症問題で、アメリカのトランプ大統領が当初、しきりに「ウイルスの発生源は、武漢ウイルス研究所だ」と主張していたのが典型的です。

また、アリゾナ州立大の研究チームは、サイエンティフィックアメリカン2018年7月号に「アンチサイエンス思考の科学」という記事を寄稿し、その中で科学的思考の妨げになっている三つの「ハードル」を指摘しています。①ショートカット、②確証バイアス、③社会的な目的……の三つです。

①のショートカットは、情報が多すぎて処理しきれない、時間がないという時に、心理学でいうところの「ヒューリスティクス」に頼って判断してしまうこと。ヒューリスティクスは直感的、経験的に解決する方策を指します。人類は長い間、直感的な判断により生きてきました。複雑な事象に関する情報を大量に集めてじっくり検討し判断するようになったのはこの100年、200年程度のことです。したがって、人は複雑な事象に対してついつい直感的、経験的に判断しがち。自分が属する集団の意見に無条件で従ったり「ドクター」という権威を信じ込んだりします。しかし、それは時には間違っているのです。

②の確証バイアスは、人が情報を集めようとする際にどうしても、自分の考えに沿うものだけを取り入れがちになってしまい、反するものは最初から拒絶したり遠ざけてしまったりする気持ちのことです。これはだれもが自覚のあるところでしょう。たとえば情報を得たいと講演会に行く時、自分の考えにしっくり合う人を選んでしまい、まったく違う内容を語る講演会はどうせ役に立たないと行きもしない。私も常に自戒しています。

③の社会的な目的は、社会における立場や圧力などにより考えが無意識のうちに左右されてしまうこと。自身が所属する集団と異なる意見を持つのは人にとって苦痛であり、どうしても避けようという方向に思考が働くのは当然のことです。たとえば、会合で男性は

反対意見を出しがち。リーダーシップを持つ能力があることを示したい、というモチベーションが働くのです。一方、女性は協調性を重んじがち。現在は、そのような「ジェンダーバイアス」を持ってはいけない、ということになっていますが、人々の実際の意識の中には根強く残っており無意識の振る舞いや判断につながっている、と思えます。

アリゾナ州立大の研究チームは、人のバイアスのかかった反科学的思考が科学研究費の削減につながり、「公衆の福利に影響する重要な現象に関する理解が不十分になる恐れがある」と指摘しています。

遺伝子組換え食品やゲノム編集食品をめぐるさまざまな運動や言説、それに種子法や種苗法の誤解を考える時、陰謀論やヒューリスティクス、確証バイアスなどの現象がピタリと当てはまることがわかります。

コラム

## ゲノム編集技術はテロとしては〝割に合わない〟

ゲノム編集技術が科学者による悪意のあるテロにつながる、と心配する人がいます。アメリカの国家情報長官が２０１９年1月、「世界規模の脅威に関する評価報告」を公表しましたが、科学技術分野での脅威として、①人工知能と自律機能、②情報・通信、③バイオテクノロジー、④材料と製造技術……の４点を挙げており、ゲノム編集も合成生物学、神経科学と並んで、生物兵器の開発や食料安全保障などへの脅威となり得る、とリスクに触れています。

ゲノム編集の有力なツール、CRISPR/Cas9を開発した科学者も著書で悪用されることへの懸念を述べており、市民の中にもこうした懸念があるようです。

たしかに可能性はあります。が、ほかに挙げられたものからもわかる通り、私たちの生活を支える科学技術はどれも可能性があり、だからといって「禁止だ」ということにはなりません。多くは、使う側がどう制御し管理し社会的な合意を得ながら使うのか、という問題です。包丁が人を殺せるから全部禁止、となるわけではありません。

ただし、包丁が銃砲刀剣類所持等取締法により一定の規制を課せられているのと同様にゲノム編集技術も枠組みが必要です。医療分野では、ゲノム編集ベビーを規制する法律が検討されていますし、ほかの法律でも一定の歯止めがかかる見込みです。

品種改良の分野でも、第3章で述べたように安全性を守るためにルールが課されています。

もっとも、品種改良において本当に科学者が技術を悪用しテロ行為を引き起こす可能性があるか、と言えば、私ははなはだ懐疑的です。それは、テロを目指す品種改良研究はあまりにも〝割に合わない〟からです。

まず、ゲノム編集によって特定の毒性物質を持つ食品を作り出すという高度、かつ緻密な研究が必要。しかも、テロや事件を引き起こすには、そのゲノム編集食品を栽培したり飼育したりして増やさなければおおぜいの人に影響を及ぼせません。

ある生物学者に尋ねたところ一笑に付され、「そんなことをするよりは、確実に毒性を持つ化学物質を大量に作りばらまくほうが、殺傷性がはるかに高い。実際にそんな事件は起きていますね」と返されました。

よく考えてみれば、これまでの品種改良の歴史においても、そのようなテロ行為が仕掛けられてもよいはずなのに、事例はありません。マッドサイエンティストが微生物にゲノム編集を施してばらまく、というストーリーもＳＦでは生まれそうですが、実際には微生物を作り出しばらまく科学者がもっとも体の中に取り込むリスクが高く、研究者も手が出せません。可能性を考えることは必要ですが、過剰な恐怖に駆られる必要はないように思います。

# 第6章

# 「置いてきぼりの日本」にならないために

ここまで、ゲノム編集技術をさまざまな角度から見てきました。食や農業について思い込みにとらわれないでください。新しい技術を恐れず、しかし甘く見ることもなく、冷静に使いこなしてゆく努力が必要です。なぜならば今、そうやって打開策を見つけなければ、やっぱり日本の食は危うく、未来を切り開けない、と思わざるを得ないからです。

最後のこの章では、日本の食の現実とその処方箋を考えてゆきます。

## 「食料自給率38％」が本当に意味すること

日本の食を語るとき、必ず話題に上るのが食料自給率。日本で供給される食料における国内生産の割合を示すものです。エネルギーベースの自給率、つまり、国民に提供されるエネルギーにおける国内生産の割合は38％しかありません（２０１９年度）。米は自給率97％、野菜は79％、魚介類は52％である一方、小麦は16％、大豆は６％、肉類７％しかなく、品目により著しい開きがあります。

もう少し多く国産を食べているのでは、というのが実感ですが、国産の肉や牛乳などの畜産物は輸入飼料によりできており、その分のエネルギーを海外由来として計算していま す。また、エネルギー量の多い油の原料となる穀物はほとんどが海外産であるため、トータルでは自給率は非常に低い数字となります。

ただし、この低い数字も私から見れば〝実態〟を表しているとは思えません。日本の自給する力はもっと低いでしょう。

野菜や米、果物を作るのに必要な肥料など資材の原料も、多くは海外産。また、農業や水産業にはエネルギー、つまり機械を動かしたり資材を製造したりするための燃料が必要で、ほとんど海外産です。これらは、自給率の計算には組み込まれていません。

食料の輸入が止まって自給が求められる時には、肥料や燃料などの輸入にも支障が出ていると考えるべきで、すぐに栽培したり魚をとったりなど、できるはずもありません。

しかも、作物は栽培から収穫まで時間がかかります。食料輸入が止まり、国民がいっせいにイモ類を栽培し始めても食べられるのは数カ月後。飼料となる穀物であれば収穫まで数カ月。さらにそれを家畜に食べさせて肉になるのは鶏や豚でも数カ月後、牛ならば2年後です。それまで、国民は在庫で食いつながないといけないのです。

真の自給力を表しているとは言い難い自給率の数字。とはいえ、一定の算定基準により毎年出されている数字ですので、年次推移は参考にしてもよいだろうと思います。昭和35年度（1960年度）にはエネルギーベースの自給率は79％でした。1965年度には73％となり、75年度に54％に急減。その後も漸減し2010年度には40％を切り18年度にはついに史上最低の37％に。令和元年度となる2019年度はなんとか1ポイント上昇しましたが、農水省が掲げる目標量の25年度45％には届きそうにありません。

水産業においても、前途は明るいとは言えません。日本の漁業・養殖業生産量は全盛期の1980年代前半からみると約3分の1にまで落ち込んでいます。よく「外国の漁船が日本に回遊する前に捕ってしまう」という問題が指摘されますが、それは理由の一つに過ぎません。なんといっても、「捕りつつ育てる」という水産資源の管理と生産推進の両立において後れを取ってしまいました。

たとえば、ノルウェーは1970年代をピークに漁獲量が減少し80年代後半に大きく落ち込みましたが、禁漁区・禁漁期間を設定し、網のメッシュサイズを大きくして若齢魚を逃がすようにして、大型漁業には免許制度を導入しました。漁獲物も組合による販売に限るなど厳しく制限したことで復活し、世界の規範となりました。日本では今、水産庁が盛んに資源管理の重要性を呼びかけています。

そもそも、日本の農林水産業は農地の狭さや高い人件費などから生じる高コストにあえいでいます。そこで政府は、海外の高級品市場の開拓に活路を見出そうとしました。日本の米や野菜、果物などのおいしさや安全性などを武器に輸出を増やすべく、２０１９年には農林水産物・食品の輸出額を1兆円にする、という目標をたてました。13年には輸出額５５０６億円だったのがだんだん増え18年には９０６８億円に。ところが、19年には９１２１億円と足踏み状態となっています。２０２０年3月には「30年に5兆円」という政府目標を新たに定めたものの、新型コロナウイルスにより世界の食は変わらざるを得ず、威勢のよい目標は尻すぼみです。

第4章で述べたように、コロナ禍でも、世界の食料供給を担うアメリカなど穀物大国の生産に大きな影響は出ておらず、主な穀物・食品の日本への輸入は支障ありません。食料危機などと不安を煽る言説に耳を貸す必要はないでしょう。しかし、日本は基盤となる食料生産力、自給力においては非常に危うく、フードセキュリティ上の問題を常に抱えているのです。

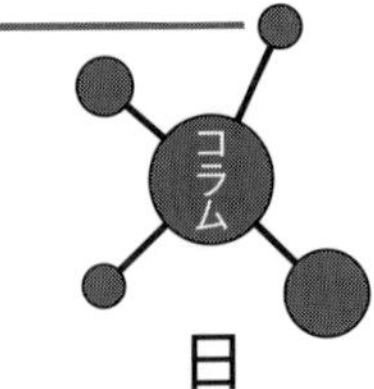


# 日本は食味優先。収量は上がっていない

育種について調べると興味深いことに気づきます。世界各国では、作物の収量を上げる研究が花形です。たとえば、アメリカのトウモロコシの単収は現在、第二次大戦前の7倍近くになっています。

アメリカのトウモロコシはもともと、「飼料とわずかな食料」という用途でした。しかし、砂糖を代替する異性化液糖や工業用デンプン、さらにはバイオエタノール原料へと用途を拡大し、それに伴い収量アップが育種の大きな動機となって行きました。現在では、生産するトウモロコシの4割が飼料、4割がエタノール（エタノールを搾ったあとのかすも飼料になる）、残りが工業用のりなどに加工されたり輸出に向けられたりしています。

一方、日本のコメの平均収量は、1958年に350kg、2012年に530kgで、わずか1・5倍です。現在もっとも人気のある品種コシヒカリは、195

6年に命名されて誕生した品種で、60年以上も栽培面積第1位。日本ではおいしさが最上の価値を持っているのです。コメは消費が減少し続け、用途の拡大もなく、収量を上げる必要などまったくありませんでした。

## 国産は安全、高品質なのか？

安全・安心な日本の食品を海外へ……。輸出振興策で必ず言われるフレーズです。一方で、日本の市民団体の中には「日本の農薬使用量は世界有数の多さで、安全が疎かになっている」「添加物許可数は世界一」などと主張がなされます。いったいどちらの話を信用したらよいのでしょうか。

こういう時には、根拠のある事実から考えるべきでしょう。たとえば農薬。日本の使用量が多めであるのはたしかです。FAOによれば、1ヘクタールあたりの使用量で日本は世界9位。日本は1位セントルシアの6割の農薬を使っており、中国、韓国よりは少ない

[図17] 農薬や食品添加物の摂取量と体への影響の概念図

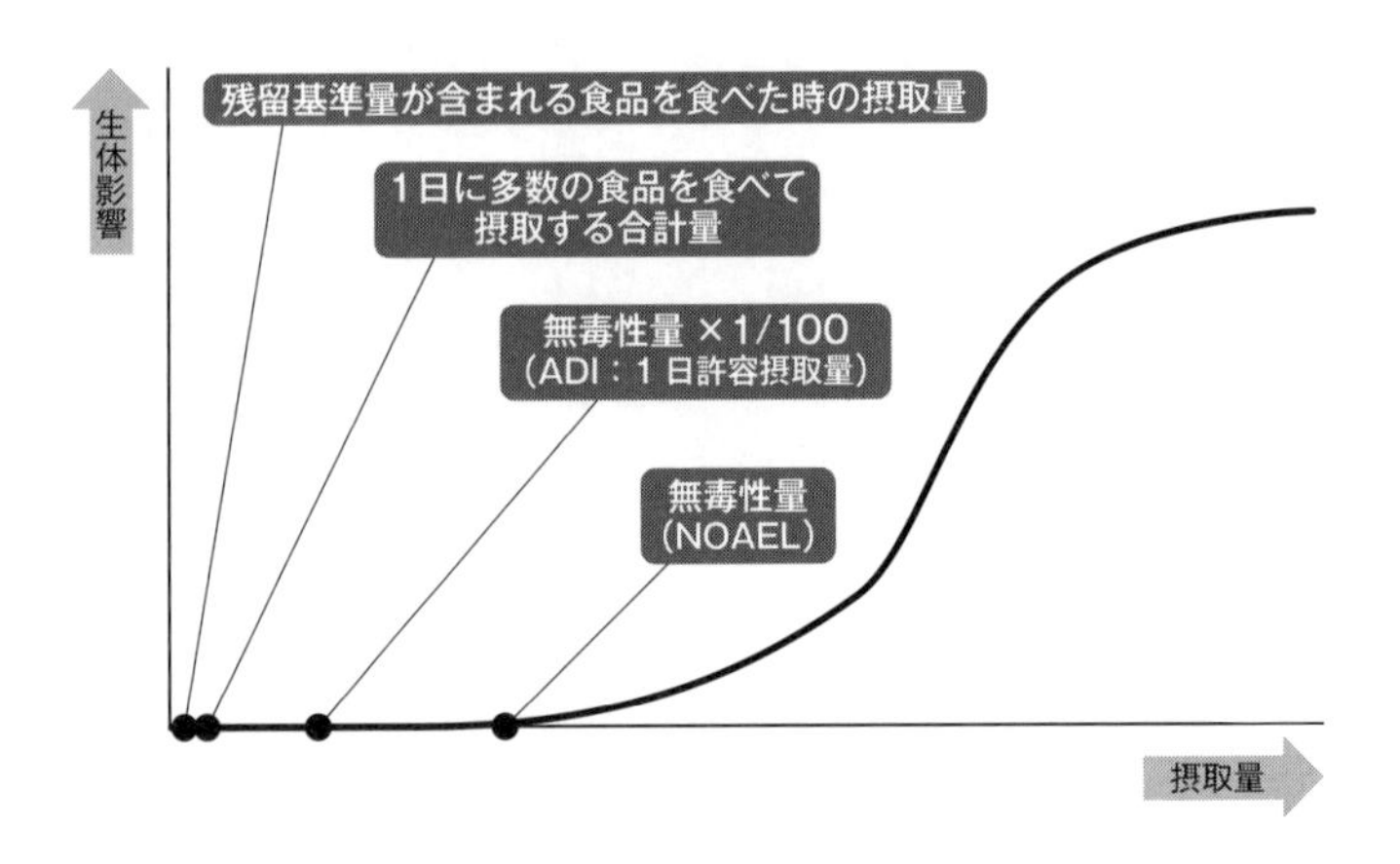


農薬や食品添加物の体への負の影響は、摂取量が増えると大きくなる。だが、一定量（無毒性量）を下回ると影響がでない。この関係を活かし、残留基準は設定されている。農薬や食品添加物は、1日の摂取量が「1日許容摂取量」を下回っていれば問題はなく、摂取量が少なければ少ないほど安全、という考え方は、科学的には正しいとは言えない

のですが、アメリカやフランスなどを大きく上回っています。

でも、だから危険、とは言えません。農薬などの化学物質は摂取する量によって健康への影響は大きく異なります。多ければ体への負の影響が大きい物質も、量が少なければリスクは無視できるという関係です。残留基準などが設置され、体への影響が出るほどの量の残留は許されていません。店頭の食品の調査でも、農

薬残留量は少なく、体への影響は考えにくいことが多くのデータで示されています。農薬の使用量が多い＝危険ではありません。

それに、このランキング自体がまったく意味がありません。なぜならば、農薬の使用量は品目や気候などによって大きく異なるからです。乾燥気味の地域で育てられる穀物は当然、農薬の使用量が少なくて済みますが、野菜や果物などは害虫や微生物などの被害を受けやすく使われる農薬は増えます。日本は高温多湿で病害虫が多い国です。水田で主食を育て、野菜や果物などの自給率が高い日本は当然、農薬の使用量も増えるでしょう。

欧米も、真夏は日本と同じように高温となりますが、湿度が低く病害虫被害は少なくて済みます。気候風土や多く栽培する品目の違いを無視してランキングを論じるのは、農業を知らない証拠です。

では逆に、「日本の食は他国より安全だ」と言えるのでしょうか？　残念ながら、そんな根拠もないように思います。たとえば、日本はアメリカに比べて食中毒件数が少なく衛生的、とよく言われます。しかし、事実は違います。厚生労働省の統計の取り方がアメリカとは異なるのです。

日本の食中毒患者数は、検便検査で細菌やウイルスなどが検出され、医師から食中毒患者として保健所に報告された数字です。実際には、下痢や腹痛を起こしても医療機関を受診しない人が多いですし、医療機関でも検便まで実施しないケースが数多くあります。日本のやり方はパッシブサーベイランス（受動的監視）と呼ばれています。

一方、アメリカでは1995年にCDC（疾病予防管理センター）を中心としたアクティブサーベイランス（積極的監視）が導入されています。日本のような届け出数ではなく、住民への電話調査を積極的に行い、検便実施率などの数字を組み合わせて患者数を推定しています。

日本の実態については、国立感染症研究所の研究者などが宮城県の住民を対象にアクティブサーベイランスを行い、コンピューターシミュレーションもして、実際の食中毒患者数を推定したことがあります。結果は、厚労省の統計数字の数百倍発生している、というもので、人口比ではアメリカなど欧米諸国と大差ありませんでした。

日本の「食の安全」の規制は、2001年の牛海綿状脳症（BSE）問題を機に大きく変わりました。2003年に食品安全基本法が施行され、「リスクアナリシス」の仕組みが導入されています。リスク、つまり食品において健康への悪影響が発生する確率や影響の程度を客観的に評価し、それに応じて必要な管理策を講じるやり方です。食品安全委員会がリスク評価を行い、それに基づき厚労省や農水省などが管理のための基準などを決め、管理方法を指導し、違反取締なども行います。

以前は、こうしたリスク評価や管理が一つの省庁内で行われ情報も公開されていませんでした。ＢＳＥ問題では海外から「日本でもリスクはある」と指摘されていたのに農水省内で問題視されず十分な対策も講じられず、その結果、ＢＳＥ問題が起きました。現在は、リスク評価機関と管理機関が分かれ、情報も企業秘密などを除き公開されています。

欧米など諸外国でも同時期にリスクアナリシスの仕組みが導入され、食の安全に関する情報が大量に公開されるようになりました。重複した内容も多く、たとえば遺伝子組換えの新品種が開発されれば、ＥＵやアメリカ、日本など多くの国々がそれぞれ、専門家の審査を行い情報も公開します。そのため、科学的根拠を無視して「日本だけが情報を隠匿して危ないものを許可する」とか「アメリカの意のままに、アメリカを優遇する」、逆に「輸入をさせないために、日本の基準を厳しくする」といったことが不可能になりました。

農薬、添加物、遺伝子組換え品種やゲノム編集品種など、食の安全にまつわるさまざまな項目で、リスクアナリシスが働いています。先進国ではほぼどの国も採用している仕組みです。開発途上国ならいざ知らず、先進国と比較して日本の食品がことさらに安全とか、危険、などと言える根拠はありません。

## 有機農業は救世主ではない

有機農業（オーガニックファーミング）を「究極の安全の証」などと賞賛し、食の救世主のように扱うムーブメントがあります。そして、オーガニック食品は安全↓有機農業では遺伝子組換え品種、ゲノム編集品種の利用を認めていない↓遺伝子組換え、ゲノム編集は危険、という三段論法が主張されます。しかし、そこにも多くの誤解があります。

まず、有機農業は農薬や化学肥料を使っていない、と思われがちですが、無農薬、無化学肥料とは限りません。国や団体が使ってよい農薬や資材の規格を決めており、たとえば農薬であれば日本では39品目の使用が認められています。除虫菊やクロレラ、鉱物など天然物由来のものですが、遺伝子組換え品種の一種、害虫抵抗性作物が体内で作る毒性たんぱく質も、微生物から抽出してあれば「ＢＴ剤」という名称となり有機農業で使えます。

自然天然だからといって、必ずしも安全性が高いとか環境によいなどとは言えません。

たとえば、オーガニックワインのためのブドウ栽培においては、銅を含む物質が殺菌剤としてよく用いられます。銅はたしかに自然、天然の物質ですが、毒性はむしろ、一般的な農薬よりも高いのです。しかも、銅は分解しないので、長年使っていると土壌に蓄積します。フランスはオーガニック志向が強く、ワイン畑で大量に銅を含む農薬が使われてきました。その結果、銅による人体影響や環境汚染が大きな問題となり、一部のワイン生産者はオーガニックによる栽培を止め始めている、と報じられています。

化学合成農薬は、人の体内でも環境中でも分解性が高くないと使用を認められない制度となっていますので、銅の農薬のような問題は起きないでしょう。なんとも皮肉な現象です。

有機農業、オーガニックはもともと、安全とか環境によい、というような科学的な判断に基づくものではなく、主義主張なのです。そこで、遺伝子組換え技術について「利用してはいけない」というルールが作られました。ゲノム編集技術を用いた品種については明確には決まっていませんが2020年9月現在、オーガニック関係者の間では「認められない」とする意見が優勢です。

第1章で書いたように、遺伝子を人工的に変化させる、という点では、種子を強い放射線や化学物質にさらす突然変異育種もゲノム編集と同じ。なのに、突然変異育種による品種は有機農業においても利用を認められています。有機農業のルールは極めて恣意的、と言わざるを得ません。

とはいえ、欧米ではオーガニックの生産者も消費者も増え続けています。EUでは全農地面積の7・5％がオーガニック農場。オーストリア、エストニア、スウェーデンでは20％を超し、イタリア、スイスなどでも15％を占めています（2018年）。

アメリカでも食品の5・7％はオーガニック食品と見積もられ、増加中です（オーガニックトレード協会調べ）。ついに、大規模農業からの揺り戻し？　いえ、そんな単純な話ではなさそう。面白いことに、アメリカ農務省（USDA）は規模の小さな農家には有機農業を勧めています。付加価値が高く、流通を介さずファーマーズマーケットなどで消費者に直接高く売れるため、農家の収入増につながります。つまり、アメリカにとって、有機農業は遺伝子組換え品種を駆使する大規模農業と同じように、ビジネスにおける多様な選択肢の一つなのです。

現在、有機農業で大きな問題となっているのは、単位面積あたりの収量の低さです。品目や国によって異なりますが、欧州委員会は一般的な農産物の40～85％の収量に止まる、としています。収量の低さは環境破壊に直結します。第4章で述べたように、地球規模の食料増産が求められています。単位面積あたりの収量が低ければ、農地を増やさなければいけません。現在の森林や草原などを農地に変えれば、樹木などの二酸化炭素の吸収量は減り、森林や草原などの生物多様性は減少します。有機農業推進が環境によいのか悪いのか確定的な説はまだなく、研究は進行中です。

結局のところ、有機農業はよく大規模農業が悪い、というような割り切りは無理だと私は考えます。

気になるのは日本の農水省や環境省の姿勢。「生物多様性保全」の観点から有機農業を推進していますが、アメリカ農務省のように「選択肢の一つ」としての位置づけとするかどうか、明確ではありません。有機農業が遺伝子組換えやゲノム編集を排除することについて説明もありません。

日本は大量の遺伝子組換え作物を他国に生産させ輸入し利用しているのに、自国ではその技術を排除する農法を国が推奨し「生物多様性を守ろう」と呼びかける。その姿勢の矛盾に、不信を抱く人も出てきています。

# 新品種開発は日本の強みになる

日本の食料自給率は低すぎる。だから国産を推進しましょう。買いましょう、大規模生産の輸入食品はこんなに悪いです。有機ならもっと安全です……。

よくある論法ですが、あまりにも短絡的であることはもう、おわかりいただけたことと思います。もちろん、国内生産の改善策は必要。でも、日本は生産に使える土地が少なく、重要な肥料であるリンやカリウムの鉱山がなく燃料もなく、要するに天然資源に恵まれません。にもかかわらず、狭い国土に1億3000万人もの人が暮らしています。国産振興を推し進めるだけでなく、他国と良好な関係を保って食料を安定的に輸入できるようにすることが、フードセキュリティの観点から極めて重要です。

ただし、資源がないなりに技術的な強みも持っておき、世界の食には「日本の○○が欠かせない」と言えるようになりたい。そうすれば将来、食をめぐり厳しい奪い合いが起きるとしても、有利に交渉を進めることができます。私はその強みになり得るのは「品種」

だと考えます。日本の品種開発力はなかなかのもの。種子、苗は食の根源です。これをしっかりと掌中におさめることで、活路を切り開くべきなのです。

世界の種苗の市場規模は450億ドル程度とみられており、アメリカが最大の生産を誇りますが、日本も9位を占めています（2012年、農水省調べ）。種苗企業大手は、世界的な再編の波が起きて著しく巨大化しており、中国のケムチャイナが17年、スイスのシンジェンタを買収し、ドイツ企業のバイエルがアメリカのモンサントを2018年に買収しました。また、アメリカの化学メーカーであるダウ・デュポンは同年、農業分野の事業を切り離してコルテバ・アグリサイエンスを設立、農業ビジネスを強化しました。これらの企業の種苗売上高はそれぞれ、日本円にして数千億円を超えています。大きくなることで研究費に多額を投じられるようになり、その成果を新品種開発につなげ世界市場へ売ってゆくというビジネスになっています。穀物で次々に投入された遺伝子組換え品種の拡大が、この流れに大きく拍車をかけました。

でも、だからといって海外企業が日本の農業を牛耳れるか、というと、そう単純な話ではないのです。そのことは、イネや大豆などを例に第5章でも説明しました。

とくに野菜は、国や文化によって好みはばらばら。そのため、各国の中小の種苗企業が特色を競っています。遺伝子組換え品種もナスやカボチャなどごくわずかしかありません。野菜は消費者や生産者の好みも多様で、1品種ごとの種苗の市場規模が非常に小さいため、遺伝子組換えのようなコストの高い方法はなかなか適用できないのです。

厳しい競争の中で、日本の「サカタのタネ」「タキイ種苗」はがんばっています。両社とも売上高は500億〜600億円程度で、世界的な大手に比べれば研究費も非常に少ない、と言わざるを得ません。しかし、種苗が海外でも販売され高く評価されてきました。「サカタのタネ」はブロッコリーの世界市場の8割のシェアを持っていた時代があり、現在も5割以上を維持しています。タキイ種苗はキャベツが強く、インドネシアやタイでは5割以上のシェアを維持している、とされています。

農産物の新品種開発の際には、単位収量あたりの向上に加え、病虫害に強い／気候変動に強い／消費者の嗜好に合う（味や外見など）／流通の仕組みに合う（日持ちする、傷がつきにくい）……などの観点から改善が図られます。今後は第4章で述べたように、栄養強化などの観点が非常に重要になってゆくでしょう。

サカタのタネやタキイ種苗は既に、世界に研究拠点を構え現地の種苗企業も買収し、国や食文化によって異なるニーズに細かく応えて新品種を提供して実績を出しています。

ただし、日本の種苗業界全体を見れば、この十数年は元気がありません。種苗開発企業は約60社あるとみられ、都道府県の試験場や国立研究開発法人なども新品種開発に努めていますが、新しい品種の登録件数は頭打ちです。

科学的な思考が通用しない市場にがっかりしている、という話が関係者から聞こえてきます。1990年代にはベンチャー企業はもとより、大学、地方の農業試験場などもイネなどで遺伝子組換え品種の研究を進めていました。しかし、反対運動が激しく行われ、多額の研究費や安全審査のコストがかかることなどで、多くが手を引きました。

私は、2000年にアメリカで遺伝子組換え作物の栽培や流通などを取材し、以降継続して国内外の状況を見ていますが、日本では2000年代前半には研究者のもとに反対運動を展開する市民から脅迫状まで届くようになり、急速に開発意欲がしぼんでいった、という印象を受けています。現在ではわずかに、国立研究開発法人の農研機構が手がける程度です。

第4章で述べたF1品種に対する誤解も払拭できていません。野菜は今、9割以上がF1品種だとみられています。海外では、米もF1品種が当たり前で、中国などで高収量を上げています。ところが、日本では1社が「ハイブリッドライス」としてほそぼそと手が

［図18］ 日本での種子供給の代表的な例

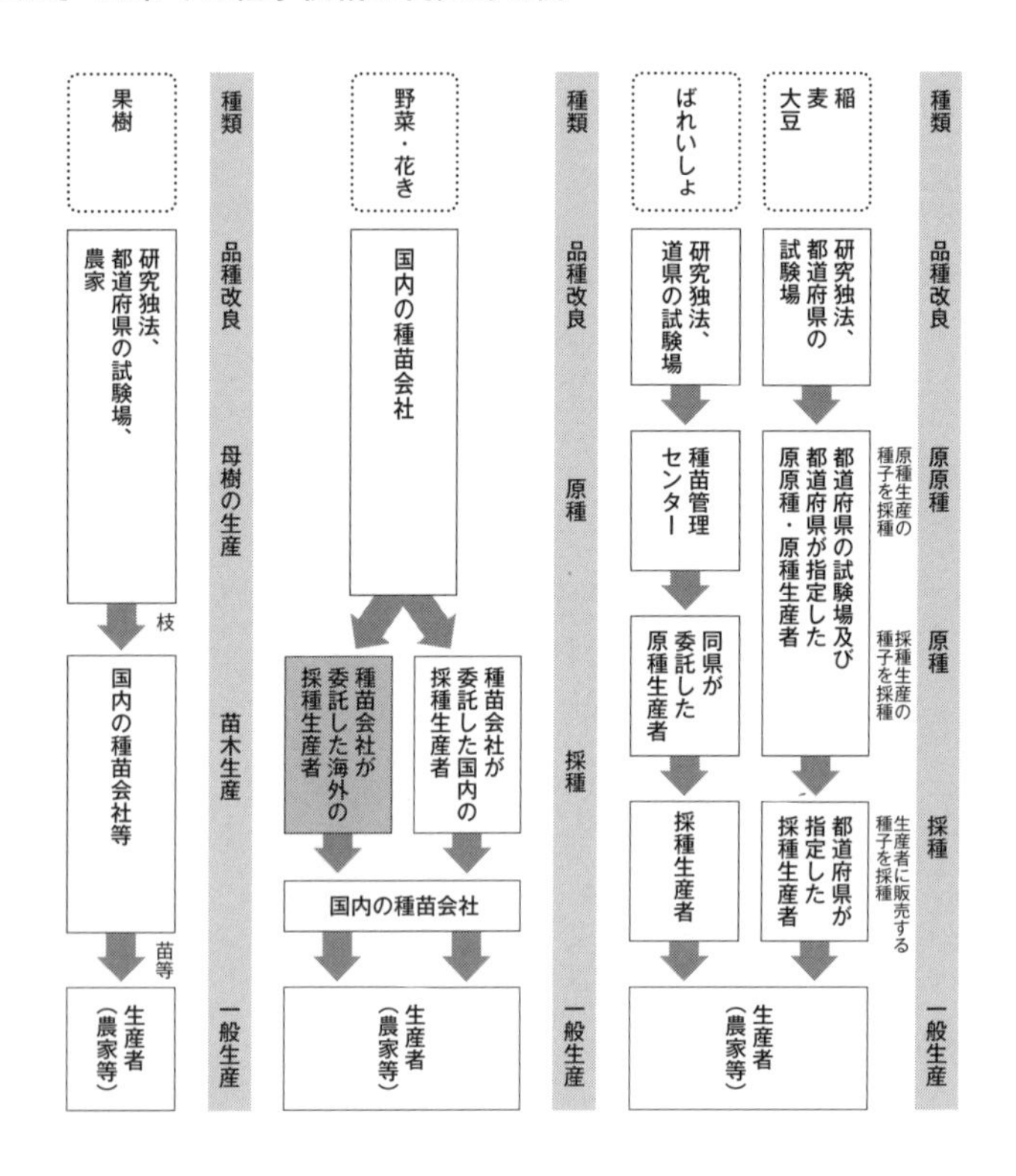


これまでは、イネ、大豆、麦、ジャガイモについては公的研究機関が育種や増殖を行い、野菜・花は民間の種苗会社が主に担い、果樹は育種に時間がかかるために主に公的機関が行う、という役割分担があった。海外に委託するのは、野菜・花における採種段階のみ（図のグレーの部分）。今後は種子法の廃止などにより、民間企業が多様な育種法を駆使して、イネや大豆等においても積極的に新品種を開発してゆくことが期待されている

出典：農水省資料

けるのみです。普及の初期に遺伝子組換えと混同されたのが痛手だったとみられています。

ゲノム編集食品は、遺伝子組換えほどの栽培施設などが必要でなく、第2章で解説したように、現在開発中のゲノムの特定の場所を切った後は自然にお任せ、というタイプは、安全性審査はない、という国が目立ってきています。日本は、世界に先駆けて規制の枠組みを決めました。日本の研究機関や開発企業にとって、野菜だけでなく、イネなどの主食となる穀物で、世界市場を視野に入れた開発を行うチャンスが開けたのです。

## 国産技術がゲノム編集を進歩させる

ゲノム編集技術の育種への利用には、市民の理解が不可欠。でも、なんといっても気がかりは、作物のゲノム編集の場合にはまず、遺伝子組換えをしなければならない、ということ。第1章で述べたように、細胞壁があるために、ゲノム編集のツールの遺伝子を入れ込み、ゲノム編集後に取り除くというステップが必要です。安全上の問題を生じるわけではありませんが、技術的に複雑でわかりにくく、「本当に取り除けているのか」という疑

[図19] ゲノム編集を行う国産技術iPB法

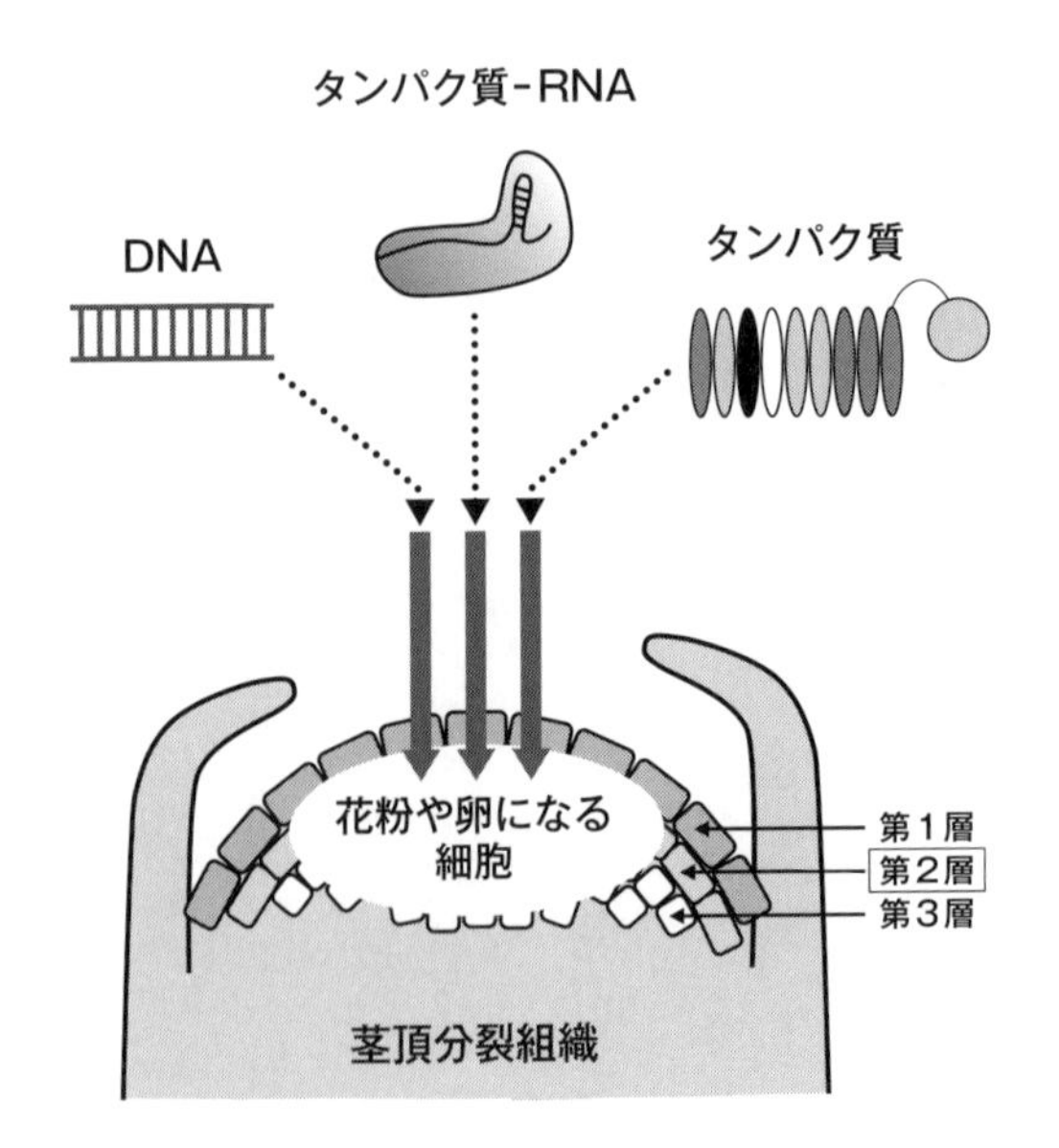


DNAやRNA、タンパク質などゲノム編集のツールを金粒子（図の中では、▼で表されている）にコーティングし、植物の茎の先の第2層（L2Layer）に直接撃ち込みゲノム編集を行う。この技術を活用し、遺伝子組換えや細胞培養をせずにゲノム編集できれば、誤解を招かず、育種のスピードも劇的に速くなる可能性がある

出典：農研機構

念も招きます。それに、遺伝子組換え品種との混同にもつながりやすくなっています。

そこで今、盛んに研究されているのが、作物でも遺伝子組換えせずにゲノム編集をできるようにならないか、ということ。動物のように、CRISPR/Cas9などの「ゲノムの特定の場所につき、切る」というツールを、細胞壁を乗り越えて直接入れ込めたらよいのです。

日本では、画期的な技術が生まれつつあります。国立研究開発法人農研機構がｉＰＢ法を開発し、２０１７年、18年に論文として発表しました。植物の生長点に直接、CRISPR/Cas9を撃ち込みゲノム編集するシステムです。金の微粒子にくっつけて撃ち込むこの方法だと、遺伝子組換えをせずに済み、金の微粒子は害がなく、入れたCRISPR/Cas9も分解されます。その後の工程も省けるため利点が数多く生まれます。

これにより、消費者の誤解を招かないだけでなく、育種できる作物の幅が広がりそうです。ｉＰＢ法は海外からも注目されています。

20年にはカリフォルニア大デービス校の研究チームが、同じように遺伝子組換え技術は用いず、ウイルスを用いてゲノム編集のツールを植物細胞に入れる方法について論文を発表しています。

また、そもそもゲノムのＤＮＡを切断するのではなく、細胞中に「Activation-induced

cytidine deaminase」という酵素を入れ、特定の場所の塩基を置換させる、という技術も神戸大学の研究チームが開発しており「Target-AID」と呼ばれています。

現在よく用いられるCRISPR/Cas9は、研究に用いる分には負担が少ないのですが、いざ、開発した新品種を商用化することになると巨額のライセンス料が発生し、国内ですぐれた新品種を開発してアジア市場を切り開いたとしても、得られる利益のかなりの割合が海外に流出することになります。

そのため、ゲノム編集の国産技術を開発し戦略的に運用してゆくことが、国家としての視点からは重要です。日本では、遺伝子組換えと異なり多くの大学、研究機関が取り組んでおり、世界の研究者と切磋琢磨しています。

## 消費者志向で迷走していないか

私には日本のゲノム編集食品の未来について一つ、気になることがあります。農水省職員や研究者と話す時によく言われるのです。「消費者の目に見える直接的な利益がなければ、理解されない」。それを満たす食品、今後開発を目指すべき食品として挙げられるのが、消費者の健康増進に役立つ機能性成分を多く含む野菜や果物です。

でも、本当に消費者はゲノム編集技術をそのようなものに使うべきだ、と考えているのでしょうか？　私には、「消費者はこういうものだ」という思い込みが日本の研究の迷走につながりかねないように思えます。

こうした意見が出てくる背景には、遺伝子組換えをめぐるコミュニケーションの失敗があります。反対運動が盛り上がった時によく指摘されたのが、「第二世代の品種を早く出すべきだった」という言葉です。

遺伝子組換えの第一世代は、除草剤耐性や害虫抵抗性など、おもに生産者にメリットの大きな品種。第二世代は、機能性成分を多く含んでいたりアレルゲンが少なかったりするなど、消費者にメリットの大きい品種。そして第三世代は、干ばつ耐性、砂漠緑化、地球温暖化防止など環境問題解決に寄与できる品種……とされています。

第一世代は消費者にメリットがなかったから、遺伝子組換えは受け入れられなかった。第二世代であれば消費者も理解してくれたはず、というのです。研究者の書籍ではしばしば書かれ、農水省の職員なども信じています。しかし、私にはそうは思えません。多くの消費者は、そんな目先の利益の話のみで判断するほど愚か、ではないでしょう。

除草剤耐性や害虫抵抗性などで作物の収量が上がり安定供給されれば、消費者の利益は非常に大きいのは明らか。実際に、遺伝子組換え品種が登場してから、穀物の生産は以前に比べて安定していることは、アメリカのデータなどで明らかになっています。そういうことを丹念に説明してこず、生産者の利益と消費者の利益を対立させるような発想にとらわれる姿勢こそがむしろ、遺伝子組換えへの理解を妨げたように思えてなりません。

残念ながら、こうした経緯があるために、ゲノム編集の活用先として真っ先に出てくるのが「機能性成分を多く含む農産物を開発できる」なのです。高齢化を背景に需要増を期待でき、国民からも望まれている。機能性を表示する食品の市場は海外でも拡大している、などと説明されます。実際に、日本では高ＧＡＢＡトマトが第1号となりそうです。さらに、ゲノム編集技術を用いて食品の安全度を上げるような事例が紹介されます。日本の消費者の利益に直結する話ばかりが語られるのです。

もちろん、こうした研究も大事ですが、なんといっても重要なのは第4章の冒頭で触れたような食料増産や地球温暖化対策ではないか？　新型コロナ禍の下での隠れた飢餓を解決できるような栄養強化作物など、開発途上国の悩みに応える品種ではないか？　日本の研究者にも、こうした世界を視野に入れた研究を活発に行ってほしい。

日本は既に世界有数の長寿国で、食品の安全性についても他の先進国と遜色ない位置にあります。そのレベルでさらに少しよくするようなもの、つまり、「私に役立つ」ものを作っても、消費者の心には響きにくい、と思うのです。むしろこれからは、アジアやアフリカなど他国、他者の危機を救うきっかけとなるような品種開発が、消費者に共有され技術の理解にも大きな役割を果たすのでは、と思えてなりません。

実は、一人ひとりの研究者と話をすると、日本の消費者におもねる研究開発の方向性に疑問を持っている人が少なくありません。しかし、今の日本では目に見えるわかりやすい成果を出さなければ研究費を得られない、という傾向が強まり、基礎研究が疎かになってきています。食料増産や地球温暖化対策などは課題として大きく難しく、いくらゲノム編集といえども、短期間で成果を出すのが難しい。一方、生活習慣病によい特定の機能性成分を増やす、というようないわばミクロの研究は、取り組みやすく結果も出しやすく、しかも、日本のテレビや新聞などのメディアも好んで紹介してくれるため、とりあえずこちらを、という研究者が少なくありません。

高GABAトマト研究の江面浩・筑波大学教授も消費者志向、流行を追っているように見えます。でも、実際には第2章で紹介したように、データベースの運営や日持ちのするトマトなど、骨太の研究を続けています。

ゲノム編集においては日本でも、本質的かつ地道な研究にきちんと取り組む研究者がしっかりと評価されるようになってほしい。そう思わずにいられません。

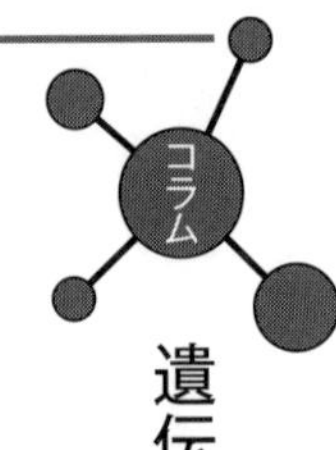


## 遺伝子組換えカイコで検査薬を作る

カイコは絹糸を吐き出し、「古事記」や「日本書紀」にも記述があり、明治以来は皇居でも飼育されています。日本人にとってなじみの深い昆虫です。そのカイコを遺伝子組換えして、医薬品や工業原料などを製造するバイオリアクター、つまり〝装置〟にする、という研究が日本で活発に行われていることをご存知でしょうか。

もちろん、生きたままのカイコを薬にする、というわけではなく、カイコに有用たんぱく質を作らせます。カイコは孵化から3週間で体重が1万倍にもなる生き物で、たんぱく質を大量生産できます。そこで、遺伝子組換えをして、人にとって有用なたんぱく質を作らせるのです。

カイコは、完全に家畜化された昆虫で、飼育場所から逃げ出すことができず野生で生き延びるのも無理。しかも、大腸菌などと異なり糖鎖がついた複雑なたんぱく質を作ることができます。

遺伝子組換え研究は1980年代に始まり、2000年に遺伝子組換えカイコの作出に成功。2008年には衣料品用の蛍光色シルクが開発されました。2014年にはクモの糸を紡ぐカイコも開発されました。

しかし、研究の本丸は有用物質生産です。化学合成しにくい複雑なたんぱく質を作らせ、医薬品や化学原料とすることが期待されています。2003年から農研機構と民間企業が共同研究を行い、2012年度には骨粗鬆症診断用キットの市販が始まりました。他企業でも、検査薬や化粧品への応用などが進められています。

カイコ以外にも、遺伝子組換え微生物は医薬品や化学原料の製造に活躍しています。もっとも有名なのはヒトインシュリンの製造。遺伝子組換え大腸菌を用いて1978年に成功。アメリカでは82年、日本では85年に発売されています。それまでは、ブタやウシのインシュリンがもちいられており、一人の患者が必要とするインシュリンを製造するのに約70頭のブタを必要としたそうです。遺伝子組換え技術によりおおぜいの糖尿病患者が救われました。

遺伝子組換え微生物で作られている医薬品は多く、洗剤などに入っている酵素もほとんどが遺伝子組換え微生物により製造されています。私たちはさんざん、遺伝子組換え技術にお世話になっているのですが、多くの人がそのことに気づいていません。

## フェイクニュースが生み出す危機

2020年の新型コロナのパンデミックでは間違った情報、フェイクニュースが大量に流れています。WHOはゴーストバスターズならぬミスバスターズというウェブページを特設しました。ミス（Myth＝俗説）を退治するという意味。食や生活習慣など身近な場面で語られる新型コロナウイルス感染症に関する俗説について、科学的に正しい内容を伝えています。「ニンニクを食べても、感染を防げない」「日光や気温の上昇がウイルスを防ぐわけではない」などです。WHOはイラストなどを用いてやわらかく呼びかけていますが、間違った情報が死者や健康被害につながっているとする報告も相次いでおり、事態は深刻です。

新型コロナウイルスは人工的に作られたものだ、というような陰謀論も数々出回り、科学者たちが否定に躍起です。ソーシャルネットワーキングサービス（SNS）のFacebookやTwitterも、間違った情報は積極的に削除しています。日本でも、医師らが活発に情報提供し、テレビや新聞などの間違った情報を正そうとしているのは、皆さんも感じたところでしょう。

一方、遺伝子組換え食品やゲノム編集食品については、同様に間違った情報があふれSNSでも拡散している、と私は思いますが、科学者や公的機関は新型コロナウイルス問題ほど熱心に否定しません。遺伝子組換え食品やゲノム編集食品はそもそも、それ自体が安

Garlic is a healthy food that may have some antimicrobial properties. However, there is no evidence from the current outbreak that eating garlic has protected people from the new coronavirus (2019-nCoV)

Can eating garlic help prevent infection with the new coronavirus?

#2019nCoV

**［図20］ WHOによるミスバスターズ**

ニンニクは健康的な食品だが、新型コロナウイルスを防ぐという根拠はない、と説明している。

出典：WHO Myth busters

全とされています。危険だと主張する言説は、具体的な被害は示せず、「可能性がある」という指摘に止まっています。間違った情報を信じ込んでだれかが健康被害を受けたりすることはないので、国や科学者などに「否定しなければ」という積極性が出てきづらいのかもしれません。

私が心配するのは、こうした情報伝達のバイアスにより、日本が置いてきぼりになってしまうことです。英語であれば、食品についてかなり積極的に誤解や陰謀論を正そうとする市民団体や科学者の団体があります。彼らはゲノム編集についても、ミス&トゥルース（神話と真実）

などと銘打って、俗説を否定する記事やブログを書いています。アメリカ科学振興協会で以前、会長を務めた女性生化学者、ニナ・フェドロフ氏は、遺伝子組換え食品の安全性について何度も発言し、ゲノム編集食品についても、誤解を解くべく記事を執筆するなどしています。ノーベル賞学者100人以上が、市民団体グリンピースにわざわざ書簡を送るほどです。

ところが、日本語になると途端に、そうした活動が著しく減ってしまうのです。日本の科学者がいくら、誤解を解く情報発信やアウトリーチ活動などをしても、大学や研究機関が業績として評価しない構造があるためでしょう。そうした活動への資金提供もありません。欧米で、科学情報を適正に伝えるための市民団体「サイエンスメディアセンター」「センスアバウトサイエンス」などが寄付を基に活発に活動している一方、日本には寄付文化がなく、科学情報の是正に動く団体はほとんどありません。

また、日本の新聞やウェブメディアの記者などは専門性が不足し、とくに食の記事については、英語の文献や論文などを調べないまま書いている人がほとんど。そのため、レベルの低い記事が目立つのです。もう一つ、日本の食があまりにも豊かで開発途上国から遠く離れているがゆえに、ゴールデンライスや収量を上げる研究などの重要性を、国も一般市民も感じられなくなっている問題が大きい、と私は最近感じています。

育種分野は、天然資源が決定的に不足している日本で国際的に貢献できる可能性を持つ数少ない分野であり、戦略的に取り組むべきです。しかし、市民の間で間違った情報が氾濫し、種苗法や種子法の誤解も加速しています。市民の理解が得られなくては、研究者ががんばって研究開発する気持ちにはならず、次世代の研究者も育ちません。このままでは、日本は食の分野で置いてきぼりになってしまうのではないか。心配が募ります。

## 科学リテラシーを育てる

ゲノム編集食品について考える時にもっとも大事なことは、極めて複雑な内容のごく一部のみから決めてしまうのではなく、さまざまな根拠、事情、技術から得られる利益（便益、英語でベネフィットと呼ばれます）とリスクを勘案して総合的に考えることであろうと思います。

ゲノム編集食品に指摘されている「オフターゲット変異が起きるかもしれない」という

ような不確実性の非常に高い可能性の話を理由に技術利用を止めてしまったら、もしかすると「ゲノム編集食品によって開発されるかもしれない高収量、高栄養の食品」で救われるはずのおおぜいの命が失われるかもしれません。両方をみて判断し、リスクを制御しながら技術活用を目指す。その覚悟が私たちの社会に求められているのです。

もう一つ、技術を利用する社会において重要なことは、公平性の担保ではないか、と考えます。さまざまなステークホルダーが公平に権利を認められ実績を評価されないことには、技術の進展はありません。ゲノム編集食品の中で、外から遺伝子を導入されておらず遺伝子組換えと見なされないタイプについては、おしべやめしべを掛け合わせる交配育種や放射線・化学物質を用いる突然変異育種など、従来からある品種と比べ、より危険という根拠はないのです。特別の規制をかけては、著しく公平性を欠くことになってしまいます。

科学的根拠や公平性の担保を無視し思い込みに満ちた主張・意見が、世間には大量に出回っています。しかも、陰謀論が隆盛です。たしかに、国や科学者が説明する内容よりも単純でわかりやすい。そして、「あいつのせいだ」「あの国の責任だ」と思うと、自らの責任を見つめずにすみます。しかし、そのごまかしが国力を失わせてゆきます。

真実の複雑さをそのままとらえるべく、国や研究者、あるいは市民団体などの意見をさまざま聞き情報を突き合わせれば自ずと違いが見えてくるでしょう。そして、どの情報に矛盾があるかが浮かび上がります。そのうえで、判断してほしいのです。

残念ながら、「こうすればフェイクニュースを見破れる」というノウハウを作るのは非常に難しい。複雑な科学と情報を簡単に整理できるはずもないのです。強いて挙げれば、「国が悪い」「アメリカのせい」というようなだれかを非難するだけの単純情報は疑う、というのがスタートラインでしょうか。情報を吟味し、科学的に質の高い研究結果、すなわちエビデンスの強い内容を尊重し判断する能力は「科学リテラシー」と呼ばれています。私たちの社会は、科学リテラシーを市民に育ててゆかなければなりません。

その基盤には、国や研究機関等の情報公開も必要です。科学情報、エビデンスを最大限公開して、市民にわかりやすく説明しコミュニケーションを図る姿勢が求められます。

遺伝子組換え食品の事例では、流通が始まった1990年代後半、国からの情報提供が著しく不足しており、間違った情報が市民に先に伝わり後々まで続く誤解や陰謀論につながった、とみられています。ゲノム編集食品で同じ過ちを繰り返してはならず、積極的な情報公開により科学への社会の信頼と科学リテラシーの両方を醸成してゆくべきです。

科学リテラシーを考える時に私がいつも思い出すのは、19世紀末から20世紀初頭にかけて、欧米で牛乳の殺菌が始まった頃の話です。それまでは乳牛から搾ったままの生乳（ローミルク）が流通しており、食中毒や感染症が頻発していました。ニューヨーク市では1891年当時、誕生した赤ちゃん1000人のうち240人は亡くなっていましたが、子どもに与えられているローミルクは安全と市民は思い込んでいました。

しかし、科学者たちは汚染されたミルクが原因と考え、19世紀半ばにルイ・パスツールが考案したビールの加熱殺菌法を牛乳へ応用しようとしました。どの程度の温度で何分加熱すれば細菌が死に、牛乳の加熱しすぎによる変質などを抑えることができるか、詳細な検討が行われました。

ところが、牛乳の加熱殺菌に対して激しい反対運動が起きたのです。味が悪くなる／栄養が失われる／病気を家庭に持ち込むのは牛乳ではなく牛乳を配達する者だ……など理由はさまざまでした。政治的な運動も行われ新聞の社説欄でもさまざま書かれ、しかし、ニューヨーク市は1914年、科学的根拠をもとに条例で牛乳への加熱殺菌を義務づけました。その7年後には、赤ちゃんの死亡割合が3分の1の1000人中71人に減ったそうです。

今となっては、牛乳の加熱殺菌は当たり前です。しかし100年前、新技術に対する恐れ、拒絶感はかくも強かった。なんだか、今の状況と似ていませんか？

加熱技術により私たちは安全・安心な牛乳を飲めるようになりました。さらに技術は進歩し、今では、高温で1〜3秒間加熱し無菌状態のままアルミ箔を貼った紙容器に充填する「ロングライフ牛乳」もあります。未開封のロングライフ牛乳であれば、常温で60日から90日間保存し、安全に飲むことができます。

非常に興味深いことに未だ、ローミルクをもてはやす人たちがいます。日本ではほとんど製造されていないのですが、欧米では製造販売されている国があります。その結果、サルモネラ菌やカンピロバクター菌などによる食中毒が幾度となく発生しており、国の機関がそのたびに生産者に衛生管理を命じるなどしています。イギリスやニュージーランドなど多くの国が「ローミルクはハイリスクであり、子どもや妊娠している女性、高齢者やがん患者など免疫系が弱くなっている人は飲まないように」と注意喚起しています。にもかかわらず、一定数の人たちが「自然で栄養がある、ヘルシーだ」などとして愛好しています。

これからも、牛乳に限らずさまざまな食品や新技術について繰り返し同じようなことが続くのかもしれません。科学的なエビデンスを突きつけられても、人はどうしても「昔ながら」とか「自然」に固執したり、単純でわかりやすいものに惹かれたりします。

でも、新しいものにチャレンジする気持ちが、人類の未来を切り開いてきました。今、私たちが食べている品種は、昔の植物や動物とは似ても似つかぬもの。これまでの人類の叡智と挑戦の結晶です。そしてこれからも人類は新技術を産みだし利用し、地球の未来を形作ってゆかなければならないのです。

# おわりに

人はどうして「昔ながらの」「伝統の」「自然な」「手作りの」というような修飾語に惹かれてしまうのでしょうか？　とくに食べ物にかんしてはその傾向が強いようで、テレビのグルメ番組や雑誌でも、そんな言葉があふれています。私は、食の安全に関する講演をすることが多いのですが、しばしば聞かされます。「昔から食べてきたもの、自然のものが食べたいのです」。

そして批判されるのは農薬、食品添加物、遺伝子組換え食品……。２０１８年ごろからそれにゲノム編集食品が加わりました。

でも、昔ながらの食品ってなんでしょう？　自然の食品ってどんなもの？

たとえば、日本の食卓に欠かせない白菜は、明治時代にやってきました。日本での最初の記録は１８６６年だとされています。『品種改良の日本史』（悠書館）によれば、田中芳男という農学者が香港から野菜のタネを入手し自宅で栽培して試食会を開きました。招待客の中には幼い津田梅子がいたとか。日本女性として最初にアメリカへ留学しその後、女子英学塾（のちの津田塾大学）を設立した人です。

はじめは、おそるおそる食べたのでしょうか。白菜が普及したのは明治後期から大正時代にかけて。でも、私たちは白菜を大昔から食べ続けてきたように錯覚しています。

トマトは今や、野菜の中で最大の生産額を占めていますが、同書によれば、最初に日本にやってきたのは17世紀とされています。しかも、この頃は野菜ではなく観賞用。狩野探幽が「唐なすび」として描いています。食用トマトがアメリカから導入されたのは明治時代。昭和に入ってから栽培が拡大しました。そして爆発的なヒット品種「桃太郎」が生まれたのは１９８５年、ミニトマトの登場もほぼ同じ時期。トマトの収穫量は、１９５５年に19万トンだったのが２０１８年には72万トン、60年あまりで4倍近くに増加しました。

一方、大根は１３００年前に日本に伝わり、全国各地で桜島大根や練馬大根、聖護院大根など多様な品種が開発されました。現在は上部が緑色になり、上から下までほぼ同じ径で寸胴型の「青首」という品種群が隆盛ですが、実は病気への強さの違いや栽培時期の違いなど、青首であっても多様な品種が続々と開発されています。コンビニエンスストアのおでんに適した大根にするための育種も行われています。

穀物や野菜、果物の歴史を一つひとつ追ってゆくと、日本が新しい食品を取り入れ、品種も次々に変化し、消費動向も変わっていったことがわかります。「昔ながら」「自然の」というのは漠然としたイメージに過ぎないのです。

今、科学者は遺伝子の詳細な情報を入手し活かしながら精密な品種改良（育種）を行っています。研究が進み進化してゆくさまざまな手法の中に、遺伝子組換え技術もゲノム編集技術もあります。科学は不確実性を持ちながら進展してゆきます。ゲノム編集技術もさらに変化してゆくことでしょう。

日本人が古くから柔軟に新しい食品に対峙したように、食を支える新技術についても思い込みを排して冷静に把握しエビデンスを理解し、総合的に判断してゆく社会でありたい。ところが残念なことに、その「当たり前」が成り立ちにくいのが現代です。私たちが情報を取り扱う時に生じるバイアスが、間違った理解や感情的な世論につながってしまいます。インターネット、ＳＮＳ、そして偏向する報道がその傾向に拍車をかけています。

原子力発電所事故でも、新型コロナウイルスのパンデミックでも、情報災害が起きました。新しい育種技術であるゲノム編集食品についても、科学的に著しく間違った情報、偏った見方が拡散し誤解が広がっています。情報があふれる現代社会なのに、科学的に適切な情報の把握がいかに難しいことか。

私は、食の安全や環境影響などを専門分野とする科学ジャーナリストとして20年あまり活動してきました。科学と暮らしが密接に結びつきその関係が複雑化する中で、情報の取扱いはますます難しくなったと感じています。だからこそ、食の基盤を支える育種分野で、シンプルに多様な情報を提供する本を作りたい、と考えました。新技術を取り入れるのか排除するのか、昔ながらにこだわるのか。結論はいずれにせよ、思考の基盤は科学的に適切で偏向しない情報群にあります。情報を提示して一人ひとりに考えてもらいたいのです。

執筆にあたっては、多くの研究者に助けていただきました。ありがとうございました。育種研究者である国立研究開発法人農研機構の田部井豊・新技術対策室長にはさまざまなアドバイスをいただき感謝に堪えません。

株式会社ウェッジの編集者、牧元太郎さん、木村麻衣子さんの的確な助言も得てやっと形になりました。あらためて感謝申し上げます。

松永和紀

２０２０年10月

# 参考文献

## ◆序章


スウェーデン王立科学アカデミー　The Nobel Prize in Chemistry 2020. 2020-10-7 (https://kva.se/en/pressrum/pressmeddelanden/nobelpriset-i-kemi-2020)

国連食糧農業機関（ＦＡＯ）　FAO launches the new COVID-19 Response and Recovery Programme outlining seven key priority areas. 2020-7-14（http://www.fao.org/news/story/en/item/1297986/icode/）

世界保健機関（ＷＨＯ）　The State of Food Security and Nutrition in the World. 2020-7-13

汎米保健機構（ＰＡＨＯ）　Understanding the Infodemic and Misinformation in the fight against COVID-19. 2020

Bloomberg News　Chinese millennials drink milk to boost immunity amid pandemic. 2020-7-24

厚生労働省医薬食品局食品安全部　遺伝子組換え食品Ｑ＆Ａ（https://www.mhlw.go.jp/topics/idenshi/qa/qa.html）

吉田誠二ら　遺伝子組換え大豆の細胞遺伝学的研究　東京都衛生研究所年報 2002;53:274

Séralini GE et al. Long term toxicity of a Roundup herbicide and a Roundup-tolerant genetically modified maize [retracted in: Food Chem Toxicol. 2014 Jan;63:244]. Food Chem Toxicol. 2012;50(11): 4221

EFSA　Final review of the Séralini et al. (2012a) publication on a 2 － year rodent feeding study with glyphosate formulations and GM maize NK603 as published online on 19 September 2012 in Food and

Chemical Toxicology. EFSA Journal 2012; 10 (11):2986
世界保健機関（ＷＨＯ） Coronavirus disease 2019 (COVID-19) Situation Report–86.2020-4-15
Islam MS et al. COVID-19-Related Infodemic and Its Impact on Public Health: A Global Social Media Analysis [published online ahead of print, 2020 Aug 10]. Am J Trop Med Hyg. 2020; Aug 10
松永和紀 お母さんのための「食の安全」教室 女子栄養大学出版部 ２０１４年

### ◆第1章

農林水産省農林水産技術会議 ゲノム編集技術 (https://www.affrc.maff.go.jp/docs/anzenka/genom_editting.htm)
厚生労働省 薬事・食品衛生審議会 食品衛生分科会 新開発食品調査部会 遺伝子組換え食品等調査会 ２０１８年11月19日会合・日本育種学会資料
鵜飼保雄 植物改良への挑戦 メンデルの法則から遺伝子組換えまで 培風館 ２００５年

### ◆第2章

江面浩ら トマトのゲノム編集技術による育種と社会実装に向けて 農作物をデザインする時代が到来 化学と生物 2018; 56(7):503
家戸敬太郎 ゲノム編集による養殖魚の品種改良――筋肉増量マダイの作出―― 生物工学 2019; 97(1):42
ナショナルバイオリソースプロジェクト・トマト (https://nbrp.jp/index.jsp)

小松晃　イネのゲノム編集、野外栽培試験の開始と社会実装に向けたアウトリーチ活動　ゲノム編集技術で作出された農作物の有用性の実証を目指して　化学と生物 2018; 56(12) :819

水産庁　平成30年度水産白書　２０１８年

戦略的イノベーション創造プログラム（ＳＩＰ）「養殖しやすい」クロマグロ育種素材の開発――養殖魚で高効率なゲノム編集が可能に――

梅基直行ら　四倍体作物、ジャガイモのゲノム編集　ジャガイモ育種の革新　化学と生物 2018; 56 (8):566

Umemoto N et al. Two Cytochrome P450 Monooxygenases Catalyze Early Hydroxylation Steps in the Potato Steroid Glycoalkaloid Biosynthetic Pathway. Plant Physiol. 2016;171(4) :2458

農林水産省　ジャガイモによる食中毒を予防するために（https://www.maff.go.jp/j/syouan/seisaku/foodpoisoning/naturaltoxin/potato.html）

Cohen J. To feed its 1.4 billion, China bets big on genome editing of crops. AAAS　Science news. 2019-7-29（https://www.sciencemag.org/news/2019/07/feed-its-14-billion-china-bets-big-genome-editing-crops）

### ◆第３章

農林水産省　食品中のヒ素に関する情報（https://www.maff.go.jp/j/syouan/nouan/kome/k_as/index.html）

農林水産省　スギヒラタケは食べないで！（https://www.maff.go.jp/j/syouan/nouan/rinsanbutsu/sugihira_take.html）

農林水産省　食品中のアクリルアミドに関する情報（https://www.maff.go.jp/j/syouan/seisaku/acryl_amide/）

厚生労働省　ゲノム編集技術応用食品等（https://www.mhlw.go.jp/stf/seisakunitsuite/bunya/kenkou_iryou/shokuhin/bio/genomed/index_00012.html）

農林水産省　新たな育種技術を用いて作出された生物の取扱いについて（https://www.maff.go.jp/j/syouan/nouan/carta/tetuduki/nbt.html）

独立行政法人農林水産消費安全技術センター　ゲノム編集飼料等の飼料安全上の取扱いについて（http://www.famic.go.jp/ffis/feed/tuti/r1_4605.html）

リコンビネティックス社　角のない牛に関する声明（http://recombinetics.com/2019/10/01/company-statement-faqs-plasmid-remnant-found-first-gene-edited-bull/）

Carlson DF et al. Production of hornless dairy cattle from genome-edited cell lines. Nat Biotechnol. 2016;34(5):479

Norris AL et al. Template plasmid integration in germline genome-edited cattle [published correction appears in Nat Biotechnol. 2020 Mar 5;:]. Nat Biotechnol. 2020;38(2):163

Course correction. Nat Biotechnol. 2020;38: 113

消費者庁　ゲノム編集技術応用食品の表示に関する情報（https://www.caa.go.jp/policies/policy/food_labeling/quality/genome/）

Mason R. Boris Johnson hints at allowing GM food imports from US. The Gurardian. 2020-2-3 https://www.theguardian.com/world/2020/feb/03/fears-about-us-food-standards-hysterical-says-boris-johnson

## ◆第4章


木村龍介　新しい「緑の革命」へ——ＩＲＲＩの環境研究方針　農業環境技術研究所　農業と環境　2005;67（http://www.naro.affrc.go.jp/archive/niaes/magazine/067/mgzn06708.html）

アメリカ農務省　Crop Production Historical Track Records　April 2018

気象庁　気候変動に関する政府間パネル（ＩＰＣＣ）第5次評価報告書ウェブサイト（https://www.data.jma.go.jp/cpdinfo/ipcc/ar5/index.html）

IPCC. Special Report on Climate Change and Land. 2019

農林水産省　農林水産分野の地球温暖化対策（https://www.maff.go.jp/j/kanbo/kankyo/seisaku/s_ondanka/index.html）

気象庁　気候変動監視レポート　２０１８年

西森基貴　温暖化でお米の生産はどうなる？——わが国のコメ生産におよぼす気候変動の影響予測　農研機構ニュース　農業と環境 2016; 110（http://www.naro.affrc.go.jp/publicity_report/publication/files/no110_4.pdf）

日本学術会議農学委員会育種学分科会報告　気候変動に対応する育種学の課題と展開　２０１７年

Laborde D et al COVID-19 risks to global food security. Science. 2020;369(6503):500

G20農相会合声明 2020-4-21

農林水産省　我が国における穀物等の輸入の現状　２０２０年7月（https://www.maff.go.jp/j/saigai/n_coronavirus/pdf/yunyu.pdf）

Heck, S et al. Resilient agri-food systems for nutrition amidst COVID-19: evidence and lessons from food-

based approaches to overcome micronutrient deficiency and rebuild livelihoods after crises. Food Sec.2020;12: 823
国連食糧農業機関（FAO） Food Loss and Food Waste（http://www.fao.org/food-loss-and-food-waste/en/）
消費者庁 ［食品ロス削減］食べもののムダをなくそうプロジェクト（https://www.caa.go.jp/policies/policy/consumer_policy/information/food_loss/）
Penn State News. Penn State developer of gene-edited mushroom wins 'Best of What's New' award. 2016-10-19（https://news.psu.edu/story/432734/2016/10/19/academics/penn-state-developer-gene-edited-mushroom-wins-best-whats-new）
農林水産省 国際がん研究機関（ＩＡＲＣ）による加工肉及びレッドミートの発がん性分類評価について（https://www.maff.go.jp/j/syouan/seisaku/risk_analysis/priority/hazard_chem/meat.html#meat）
世界保健機関（ＷＨＯ） Links between processed meat and colorectal cancer（https://www.who.int/mediacentre/news/statements/2015/processed-meat-cancer/en/）
国立がん研究センター 赤肉・加工肉のがんリスクについて（https://www.ncc.go.jp/jp/information/pr_release/2015/1029/index.html）
Herrero M et al. Innovation can accelerate the transition towards a sustainable food system. Nat Food 2020;1:266
Harvard Health Publishing. The right plant-based diet for you（https://www.health.harvard.edu/staying-healthy/the-right-plant-based-diet-for-you）
環境省 バーチャルウォーター（https://www.env.go.jp/water/virtual_water/）

国際獣疫事務局（ＯＩＥ） Animal welfare（https://www.oie.int/en/animal-welfare/animal-welfare-at-a-glance/）
農林水産省　アニマルウェルフェアについて（https://www.maff.go.jp/j/chikusan/sinko/animal_welfare.html）
FAO　Insects for food and feed（http://www.fao.org/edible-insects/en/）
United States Government Accountability Office（GAO） Report to the Chairwoman, Subcommittee on Labor, Health and Human Services, Education, and Related Agencies, Committee on Appropriations, House of Representatives. 2020
農林水産省　農林水産技術会議　ゲノム編集技術（https://www.affrc.maff.go.jp/docs/anzenka/genom_editting.htm）
Sweet potato is already a GM crop.　Nature 2015; 520, 410

◆第５章

山本輝太郎ら　教材利用者が有する先入観が科学教育に与える影響――ゲノム編集の評価を例にして――　科学教育研究 2019:43(4): 373
国際アグリバイオ事業団２０１８年リポート
アメリカ穀物協会　セミナー資料　2020-5-29（https://grainsjp.org/topics/7085/）
The National Academies of Sciences, Engineering, and Medicine. Genetically-Engineered Crops: Past Experience and Future Prospects. 2016

Steinberg P et al. Lack of adverse effects in subchronic and chronic toxicity/carcinogenicity studies on the glyphosate-resistant genetically modified maize NK603 in Wistar Han RCC rats. Arch Toxicol. 2019;93:1095

Xavier Coumoul et al. The GMO90+ Project: Absence of Evidence for Biologically Meaningful Effects of Genetically Modified Maize-based Diets on Wistar Rats After 6-Months Feeding Comparative Trial, Toxicological Sciences, 2019; 168(2): 315

Pew Research Center. Public Perspectives on Food Risks.2018-11-19（https://www.pewresearch.org/science/2018/11/19/public-perspectives-on-food-risks/）

消費者庁　平成28年度食品表示に関する消費者意向調査　２０１６年

バイテク情報普及会　GMO Answers（https://cbijapan.com/gmo/question/１つ以上の遺伝子組換え形質をもつ交配種を成功/）

Roberts RJ,　The Nobel Laureates’ Campaign Supporting GMOs, Journal of Innovation & Knowledge, 2018;3(2),:61

IARC Working Group on the Evaluation of Carcinogenic Risks to Humans. Some Organophosphate Insecticides and Herbicides. International Agency for Research on Cancer; 2017 (IARC Monographs on the Evaluation of Carcinogenic Risks to Humans, Vol. 112)

アメリカ環境保護庁（ＥＰＡ）　Glyphosate（https://www.epa.gov/ingredients-used-pesticide-products/glyphosate）

内閣府食品安全委員会　グリホサート評価書　2016-7-12

農林水産省　稲、麦類及び大豆の種子について（https://www.maff.go.jp/j/seisan/ryutu/info/171116.html）
中日新聞２０２０年４月25日社説　「種苗法改正　農業崩壊にならないか」
農林水産省　種苗法の一部を改正する法律案について（https://www.maff.go.jp/j/shokusan/shubyoho.html）
一般社団法人全国米麦改良協会　米麦の種子更新率（https://www.zenkokubeibaku.or.jp/pdf/s/28-29.pdf）
M・W・モイヤー　陰謀論が広がる理由　日経サイエンス（Scientific American 日本版）２０１９年７月号
Kenrick DT et al. The Science of Antiscience Thinking. Sci Am. 2018;319(1):36.
USA Office of the director of national intelligence. Worldwide Threat Assessment of the US intelligence Community. 2019

**◆第６章**

農林水産省　食料自給率・食料自給力について（https://www.maff.go.jp/j/zyukyu/zikyu_ritu/011_2.html）
農林水産省　優良品種の持続的な利用を可能とする植物新品種の保護に関する検討会第１回会合資料 2019-3-27
農林水産省　農林水産物・食品の輸出促進対策（https://www.maff.go.jp/j/shokusan/export/）
在ノルウェー日本国大使館　ノルウェーの漁業（https://www.no.emb-japan.go.jp/Japanese/Nikokukan/nikokukan_files/noruweinogyogyou.pdf）
FAOSTAT (http://www.fao.org/faostat/en/#home)
厚生労働省　薬事・食品衛生審議会食品衛生分科会食中毒部会会合資料（食品媒介感染症被害実態の推

定）2014-3-24
農林水産省　有機農業関連情報（https://www.maff.go.jp/j/seisan/kankyo/yuuki/）
Organic farming in the EU. EU Agricultural Markets Briefs. 2019; 13
Organic trade association・U.S. organic sales break through $50 billion mark in 2018
European Commission. The crop yield gap between organic and conventional agriculture.2018
Genetic Literacy Project. Examining the EU's contradictory treatment of glyphosate and copper sulfate pesticides (https://geneticliteracyproject.org/2018/12/19/examining-the-eus-contradictory-treatment-of-glyphosate-and-copper-sulfate-pesticides/)
農林水産省　種苗をめぐる最近の情勢と課題について（http://www.jaja.cside.ne.jp/kenkyukai/deta/180912.pdf）
戦略的イノベーション創造プログラム（ＳＩＰ）：ｉＰＢ法の開発とゲノム編集技術への適用
Ellison E E et al. Multiplexed heritable gene editing using RNA viruses and mobile single guide RNAs. Nat. Plants 2020;6:620
市民会議　「食と農の未来と遺伝子組換え農作物」報告書 ２００４年
Nelson B. The Lingering Heat over Pasteurized Milk. Science History Institute. 2009-4-1 (https://www.sciencehistory.org/distillations/the-lingering-heat-over-pasteurized-milk)

ウェブサイトの最終閲覧　２０２０年7月16日

著者略歴

**松永和紀**（まつなが・わき）

1963年生まれ。89年、京都大学大学院農学研究科修士課程修了（農芸化学専攻）。毎日新聞社に記者として10年間勤めたのち、フリーの科学ジャーナリストに。主な著書は『食の安全と環境　「気分のエコ」にはだまされない』（日本評論社）、『効かない健康食品　危ない自然・天然』（光文社新書）など。『メディア・バイアス　あやしい健康情報とニセ科学』（同）で科学ジャーナリスト賞受賞。「第三者委員会報告書格付け委員会」にも加わり、企業の第三者報告書にも目を光らせている。

**ゲノム編集食品が変える食の未来**

2020年11月20日　初版第１刷発行
2021年４月10日　初版第２刷発行

著　　者　松永和紀
発 行 者　江尻 良
発 行 所　株式会社ウェッジ
〒101-0052 東京都千代田区神田小川町１丁目３番地１
NBF小川町ビルディング３階
電話 03-5280-0528　FAX 03-5217-2661
https://www.wedge.co.jp/　振替00160-2-410636

装　　幀　佐々木博則
組　　版　辻 聡
印刷・製本　株式会社暁印刷

＊定価はカバーに表示してあります。
＊乱丁本・落丁本は小社にてお取り替えいたします。

ISBN978-4-86310-231-6　C0036